Analyse des filières de production agricole

5-7, rue de l'Ecole polytechnique, 75005 Paris

http://www.librairieharmattan.com
diffusion.harmattan@wanadoo.fr
harmattan1@wanadoo.fr

ISBN : 978-2-296-10392-4
EAN : 9782296103924

Ali MADI

Analyse des filières de production agricole

Fondements théoriques et démarches méthodologiques

Préface du professeur François Kamajou

L'Harmattan

Dédicace

Je dédie cet ouvrage à ma chère épouse, KHADIZA Abamé qui m'a encouragé à me réengager dans mes travaux de rédaction scientifique que j'avais suspendus momentanément pour cause d'occupation administration

*« En dépit de tout intégrisme, la pensée ne doit jamais craindre de se livrer sur elle-même. C'est l'objet même de la science que de se repenser constamment pour englober dans les cohérences élargies l'ancien qu'elle doit continuer à creuser et le nouveau qu'elle ne cesse de découvrir. Et comme écrivait Antonio Machado " **le chemin se fait en marchant** " »*

René PASSET
Professeur à l'Université de Paris-I Panthéon-Sorbonne

PREFACE

Les différentes politiques agricoles dans nos pays en développement ont toujours consisté, sur le plan théorique, à proposer un cadre de cohérence au sein duquel s'articulent les instruments d'intervention publique. Ces instruments comme le disait Michel GRIFFON « se basent sur les mesures de régulation et/ou d'ajustement conjoncturel, ayant des effets à court terme et celles de programmation et de planification ayant des effets à moyen terme ou celles structurelles ayant des effets à long terme ». Mais après près de 50 années de mise en œuvre de ces politiques, les effets n'ont pas été à la hauteur des attentes. Par ailleurs, pour les effets quelque peu ressenti, leur impact réel n'a pas été clairement identifié. Pis, les contributions réelles des différents secteurs sont mal connues. Ce n'est certainement pas faute d'outils nécessaires car les différents économistes camerounais ou autres ont certes proposé des outils mais il semble que les structures en charge de leur application ne sont pas toujours bien informées de leur existence.
Pour non seulement renforcer les outils existants mais aussi et surtout proposer une nouvelle approche, Monsieur MADI Ali, présente une approche filière de production. Nous connaissons bien l'auteur de cet ouvrage pour avoir supervisé son mémoire d'ingénieur sur l'économie du coton et Co-supervisé sa thèse de Doctorat en économie agricole soutenue en 1994 à Agro-Montpellier. Par ailleurs, il est l'un des enseignants du département d'économie rurale dont nous sommes le chef. Il présente tout d'abord un outil d'analyse très utile pour l'appréciation du rôle des différents secteurs et agents économiques dans leur globalité, mais surtout en économie agricole. Par la suite, il entame une réflexion profonde sur les différentes approches de l'économie néoclassique. Il rejoint plusieurs autres auteurs keynésiens et postkeynésiens. Pour lui, comme pour les autres auteurs, les hypothèses de l'économie moderne ne permettent plus de refléter la réalité économique quand on aborde l'approche filière. Cet ouvrage finalement engage une réflexion sur l'économie néoclassique.

Il nous semble que les contraintes ou blocage de l'agriculture africaine et camerounaise en particulier sont plus d'ordre économique, organisationnel et infrastructurel que d'ordre purement technique. Et utilisant l'approche filière, on est en mesure de faire ressortir l'ensemble des contraintes aussi bien en amont qu'en aval de la production agricole, contraintes qui sont le principal blocage du développement du secteur agricole.

Dans cette logique, l'ouvrage s'ouvre par un aperçu du système productif agricole pour marquer l'emprise de cette notion dans l'approche. Par la suite, en adoptant une démarche progressive, l'auteur amène le lecteur à bien comprendre la notion de filière avant de s'engager sur les possibilités d'utilisations de cette approche, tout en s'appuyant sur les théories de régulation et des conventions. L'ouvrage se termine par un chapitre qui donne véritablement la démarche à suivre quand on est amené à conduire une analyse de filière.

Cet ouvrage alliant théories, méthodes et démarches pratiques, arrive à point nommé et permettra aussi bien aux économistes, praticiens du développement et les étudiants de pouvoir s'en servir sans difficulté.

Professeur François KAMAJOU
Chef de département d'économie Rurale
Université de Dschang

INTRODUCTION

Parmi les concepts/notions les plus fréquemment utilisés dans l'analyse industrielle, la notion de filière de production est celle qui, depuis le début des années 1970, a connu un des succès les plus rapides ; outil d'analyse prestigieux d'une grande partie de l'économie industrielle, symbole d'une méthode qui permet d'approcher de façon tout à fait originale la réalité économique. Elle a autant été utilisée par les économistes industriels que par les spécialistes de gestion des entreprises publiques. Elle est même sortie du strict domaine de l'analyse académique pour gérer les sphères politiques puisque bien de discussions sur son rôle et son efficacité ont souvent été au centre des débats publics animés. Pendant des années la plupart des discours sur le fonctionnement du système productif, sur l'action des pouvoirs en matière de planification, de politique industrielle ou sur les stratégies des entreprises ont fait référence, d'une manière ou d'une autre, à la 'filière de production'.

Les premières analyses de filière ont été pratiquées par des économistes de services de planification qui s'intéressaient à la formation des valeurs ajoutées et des marges au sein des filières, aux niveaux relatifs des prix, aux échanges extérieurs des filières (import/export), à la productivité des facteurs de production, etc. Ces travaux s'appuyaient principalement sur les outils de la comptabilité nationale. Leur intérêt était d'aider à la programmation des volumes de production, d'investissements et à la fixation de prix de référence. Aujourd'hui, avec la généralisation de l'économie de marché et avec le désengagement de l'État du secteur productif, ce type d'objectifs est devenu quelque peu dépassé mais il revient à grand galops avec la nouvelle crise. Par contre l'analyse macro-économique des filières avec les outils indiqués garde son intérêt pour une vision globale des filières et des comparaisons internes dans une économie ou interrégionales et même internationales. Et son rôle d'outil de planification reprend aussi de l'ampleur « potentielle ». Il s'agit alors d'estimer les coûts et les prix aux différents stades ou maillons de la filière, pour faire apparaître la formation des soldes intermédiaires (marge commerciale, valeur ajoutée, le résultat brut d'exploitation ou les marges nettes mais aussi et surtout la répartition de la richesse créée au sein de la filière).

Par la suite, on a mis l'accent sur la nécessité de bien identifier, en volume et en valeur, les flux de produits entre les différents stades ou maillons de la filière : production de matières premières, transformation, distribution. Cette approche débouche sur les concepts très actuels de réseaux et de logistique, mais aussi de gestion de qualité en utilisant ou empruntant des outils au marketing.

Dans le même temps, les spécialistes en économie industrielle ont introduit le raisonnement en termes de structures de marché et de performances d'entreprises. Enfin Michael Porter a imaginé la méthode de l'analyse concurrentielle. Cette méthode débouche sur les analyses de compétitivité au sein des filières et entre les filières dans un cadre national ou international.

Les quatre types d'approche sont complémentaires et une analyse de filière doit aujourd'hui comporter ces différentes visions et surtout les intégrer dans sa globalité. Il s'agit de:

- ***un volet global*** qui permet d'identifier la filière comme un système de production/consommation piloté par un ou plusieurs marchés et la caractérisation des flux de produits et les différents agrégats ;
- ***un volet technologies et produits***, qui analyse les procès (procédés), le rôle de l'innovation et établit une typologie des produits selon des critères de qualité et surtout faire ressortir l'impact des flux de connaissances dans l'amélioration du système de production;
- ***un volet institutions et entreprises*** qui liste les acteurs de la filière, les caractérise et analyse leurs stratégies ou leur politique, y compris les accords et conventions les liant en se basant sur les théories de régulation et des conventions;
- ***une vision historique*** qui permet de comprendre la dynamique de la filière et entamer une réflexion prospective.

Il est vrai que l'apparition de cette notion, débordant les simples analyses, en termes d'intégration des auteurs anglo-saxons, résulte de préoccupations très diverses afin de :

- ajuster la théorie de 'l'équilibre général' en substituant à cette vision d'équilibre général de Walras une conception de l'économie où les unités/activités organisées peuvent exercer des relations asymétriques d'influence qui ne peuvent être abordées par la vision walrasienne;

- regrouper et arriver à décrire des d'activités cohérentes ;
- prévoir des perspectives d'évolution des d'activités autrement qu'en se définissant par rapport aux secteurs et ;
- définir un espace de planification assez global pour être significatif, surtout face à des stratégies de spécialisation internationales qui se mettent en place.

Il faut noter qu'au début, la valeur intrinsèque de la filière et celle de la théorie de référence qu'est la méso économie était quelque peu controversée. Mais de nos jours, les choses se sont mises dans l'ordre et que l'approche trouve sa place dans le concert des outils théoriques et pratiques en même temps pour aborder les économies. Dans cette logique, l'école française d'économie industrielle (De Bandt 1988, Morvan 1991, De Bandt, Hugon 1988) a alors défini la filière ou le méso système par ses dimensions technologiques, d'intégration, de relations intersectorielles et de stratégies de firmes et de groupes.

La filière peut alors être un mode de découpage et de représentation de l'appareil productif supposé partiellement décomposable et qui suppose de définir les bornes de transformation des produits à partir d'un questionnement précis. Elle permet de repérer des relations de linéarité, de complémentarité, de plasticité et de cheminement entre les différents stades de transformation des produits depuis la matière première au produit fini mis sur le marché domestique.

Elle peut être vue comme un *objet technique,* celui des ingénieurs, privilégiant le processus technique de transformation des produits (ex d'une filière riz ou pétrochimique). Elle peut être analysée comme un *outil comptable* mesurant les interrelations sectorielles en termes de consommations intermédiaires et de valeur ajoutée (cf. Hugon 1989, Faivre Dupègre 2002) pour ses liens avec la méthode des effets.

Elle peut, au contraire, être conçue comme un *concept* permettant de comprendre la structure et le fonctionnement d'un champ, de repérer l'espace de déploiement des stratégies des acteurs, les lieux de valorisation des ressources productives et d'expression des pouvoirs, et les configurations institutionnelles liant structures et stratégies des acteurs. Elle est en effet « une structuration des acteurs en charge des opérations telle que l'adéquation de ces dernières, les unes par rapport aux autres et la régulation du fonctionnement de la chaîne soient pilotées par lesdits acteurs ou l'un d'entre eux » (Veron I99O). Il faut alors repérer le long des diverses opérations complémentaires les stratégies d'acteurs, les modes de coordination et de transactions, localiser les nœuds stratégiques de valorisation et même des goulots d'étranglement.

Dans cet ouvrage sur l'approche filière, il sera question en premier lieu de mettre en évidence les *principaux éléments* constitutifs, d'observer les *divers usages* pour enfin s'interroger sur *la portée de cette notion.* Cette démarche pragmatique permet de présenter les outils à utiliser ou la méthodologie à suivre pour faire une analyse des filières tout en se basant sur des fondements théoriques adaptés. Ce qui nous a amené à organiser cet ouvrage en huit chapitres dont l'enchainement logique aboutit à la méthodologie à utiliser pour conduire une analyse de filière.

Ainsi, dans un premier chapitre, nous allons présenter un aperçu du système productif car il est intensément utilisé par l'approche filière. Après cet aperçu, un deuxième chapitre introduira les premiers éléments qui constituent la filière et présente toutes les utilisations de cette approche. C'est au troisième chapitre qu'une définition claire est donnée à la notion. Le chapitre 4 se focalisera sur les fondements théoriques de cette notion qui nous ont conduits dans un cinquième chapitre à nous interroger sur la possibilité de l'approche néoclassique à pouvoir rendre compte de tous les contours de cette approche. Le chapitre 6, en se basant sur la conclusion du chapitre sur l'approche néoclassique, introduit la méso-économie dans les différents contextes de son utilisation. Les deux derniers chapitres sont consacrés aux aspects pratiques de l'approche. D'abord tous les éléments financiers (valeur ajouté, revenu, comptes des agents) feront l'objet du chapitre 7 pour qu'enfin donner au chapitre 8 la démarche à suivre à chaque fois qu'on est amené à conduire une telle étude : une analyse de filière de production (agricole).

Chapitre I
Un aperçu des systèmes de production et de culture

Un produit s'insère toujours dans un système productif dont il importe de mieux connaître avant de s'engager dans l'analyse des filières qui se base sur un produit donné. Dans nos pays émergents ou en voie de développement, nous devons associer la notion de système de production et celle de la filière qui nous permettent de repérer les dysfonctionnements ou goulots d'étranglement au niveau des diverses activités économiques.

I.1. Les systèmes de production dans la tradition agronomique

Dans la plupart des pays, l'Economie Rurale est surtout née dans les grandes écoles d'ingénieurs d'Agriculture. C'est là qu'elle est surtout enseignée. C'est dire le poids de la tradition agronomique dans l'émergence de cette discipline. Depuis ses origines, le concept de système de production y tient une place essentielle. L'expression apparaît pour la première fois dans les travaux des agronomes au XIXème siècle.

Aujourd'hui, il y a, appliqués à l'agriculture, beaucoup de concepts reposant sur celui de système.

Ils sont, par ailleurs, aussi bien utilisés par les économistes et agronomes dans leurs disciplines, que dans le langage courant des agriculteurs, des chercheurs et des agents de développement.

Les économistes ruraux ont depuis quelques années essayé de préciser ces termes. En 1958, Malassis souligne la difficulté pour les économistes ruraux de s'entendre entre eux et avec les agronomes.

Pour le concept de système de production, par exemple, on peut trouver aujourd'hui trois catégories de définitions utilisées en Economie Rurale.

- Un premier type de définition se rapporte à l'exploitation agricole, il est centré sur la gestion (micro-économie). Pour Chombart et Poitevin, dans leur ouvrage classique sur la gestion de l'exploitation agricole (1957), le système de production est la combinaison des facteurs de production et des productions dans l'exploitation agricole, l'exploitation étant définie comme l'unité dans laquelle l'agriculteur pratique un système de production en vue d'augmenter son profit.

- Une autre conception, externe à l'exploitation, insiste sur le caractère social, sur la stabilité et les changements des systèmes de production selon des critères. On parlera ainsi de la diversité des systèmes de production (typologie).

- Dans une vision plus large, une autre définition reliant facteurs et produits est utilisée surtout par Badouin et Mazoyer.

Ce concept est utilisé soit à usage interne (gestion) soit à usage externe (dimension sociale). Dans la perspective de gestion et d'analyse de fonctionnement interne, il faut identifier et relier les sous-ensembles pour lesquels on associe toujours facteurs et produits. Ce que l'on privilégie c'est l'analyse des décisions pour en comprendre les mécanismes et en améliorer l'efficacité.

Si on se situe dans la perspective d'analyse globale et sociale, le concept de système de production devient un outil d'analyse des exploitations agricoles. Comme l'indiquent Aubert et al. en 1985, « on ne travaille guère sur les systèmes de production, sinon dans une étape préalable de l'étude pour les recenser et les décrire. On travaille plus souvent à l'aide ou à partir des systèmes de production pour savoir, par exemple, comment se transforme l'agriculture, comment se forme le revenu, quelle est l'efficacité comparée des systèmes, comment se détermine l'offre des produits ». Dans ce dernier cas, la démarche renvoie à l'approche classique de la théorie de production.

Cet outil d'analyse, à l'articulation entre la micro-économie et la macro-économie, est construit à partir de méthodologies qui mettent l'accent soit sur les monographies soit sur les enquêtes statistiques dans un but d'analyse globale de l'évolution de l'Agriculture.

Le terme système (dans l'expression système de production) signifie que les combinaisons observées ne résultent pas d'une simple juxtaposition combinatoire de facteurs ou de spéculations, mais qu'il existe des effets synergiques sélectionnant, en fonction du contexte, certaines combinaisons et pas d'autres. Il signifie surtout qu'il existe un fonctionnement interne mettant en relation les éléments composant le système et déterminant notamment ses réactions vis-à-vis soit de modifications de ces éléments soit de stimuli externes, ou encore déterminant ses propres transformations structurelles sous l'effet de divers facteurs ou événements.

D'un point de vue global, l'étude des systèmes de production a été récemment associée à celle du productivisme, de l'intensification, des modèles déterminants. Cela pose le problème de la mesure de l'efficacité des systèmes de production. Plusieurs critères et plusieurs indicateurs peuvent être utilisés pour mesurer la productivité des facteurs de production. L'approche filière s'est alimentée de ces éléments.

I.2. Farming system

Dans le courant anglo-saxon, par l'utilisation du concept farming system, l'accent est mis sur l'étude du fonctionnement des petites unités de production où la famille joue un rôle essentiel. C'est d'ailleurs à ce niveau que les échecs des modèles de développement sont les plus patents. L'accent est beaucoup plus mis dans la détermination des difficultés auxquelles sont confrontées les paysans/producteurs pour proposer des solutions adéquates.

L'un des pères fondateurs de la démarche farming system, D. Norman, définit le système comme étant une série d'éléments ou de composantes interdépendants et agissant les uns sur les autres. Ainsi un système d'exploitation est-il un résultat de l'interaction complexe d'un certain nombre de composantes interdépendantes.

I.3 Système de production et modélisation systémique

Depuis quelques temps se développe, gravitant autour du concept de système, un courant théorique et méthodologique qui a reçu diverses dénominations plus ou moins équivalentes: analyse de systèmes, analyse systémique, analyse structurelle, analyse fonctionnelle, approche systémique, dynamique des systèmes.

Bien qu'ayant des contours relativement flous et un contenu encore imprécis, ce courant semble répondre à trois préoccupations essentielles:

- la volonté de restaurer une approche plus synthétique qui reconnaisse les propriétés d'interaction dynamique entre éléments d'un ensemble lui conférant un caractère de totalité;
- le besoin, pour concevoir des ensembles vastes et complexes, de mettre au point une méthode qui permette de mobiliser et

d'organiser les connaissances en vue d'une meilleure adéquation des moyens aux objectifs suivis;

- la nécessité, face à une fragmentation et une dispersion du savoir, de promouvoir un langage unitaire qui puisse servir de support à l'articulation et à l'intégration de modèles théoriques et de préceptes méthodologiques épars dans diverses disciplines.

Le Moigne (1977) dans son livre sur la théorie du système général propose de remplacer le discours de la méthode de Descartes par un nouveau discours de la méthode qui définit un paradigme systémique. Les quatre préceptes de Descartes (ne recevoir pour vrai que ce que l'on connaît pour tel, diviser les difficultés en parties plus simples à résoudre, étudier un problème en commençant par le plus simple, exhaustivité des dénombrements) deviennent pour le Moigne celui de la pertinence, celui du globalisme (l'objet à connaître par notre intelligence est une partie immergée active au sens d'un plus grand tout), celui d' « agrégativité » (toute représentation est simplificatrice, il faut choisir les agrégats pertinents).

Alors que jusqu'à maintenant le système pouvait être défini comme "un ensemble possédant une structure constituant un ensemble cohérent", le système devient, avec lui, un ensemble d'éléments en interactions dynamiques organisés en fonction d'un but.

La démarche système suppose plusieurs éléments:

- pouvoir construire le système étudié,
- définir les objectifs du système,
- prendre en compte l'environnement (écologique, économique, politique).

En conclusion, on peut dire que le système de production ne peut être séparé de la démarche systémique: parler de système de production ce n'est plus seulement prendre un objet d'étude utile dans une perspective micro-économique ou macro-économique, c'est insister sur une nouvelle démarche scientifique de résolution de problèmes.

Armés de cet outil, il nous sera facile de comprendre la grille d'analyse d'un système de production agricole que nous développerons dans la partie suivante.

I.4. Analyse Economique d'un système productif agricole

Pour ce faire, nous adoptons la grille d'analyse proposée par Robert Badouin. Une grille d'analyse à usage des économistes qui distingue de façon simple et pédagogique trois concepts (le système de culture, le système de production, le système d'exploitation; les trois concepts s'enchainent pour aider à exploiter un domaine de recherche circonscrit, le **système productif**).

Le système productif agricole, selon lui, peut être défini d'une façon très générale, comme l'ensemble des éléments qui concourent à la constitution des flux des produits agricoles.

Diversité, spécificité, complexité caractérisent les systèmes productifs qui en outre, sont soumis à des processus de changements auxquels ils s'avèrent sensibles en raison d'une certaine plasticité. De nombreuses pressions s'exercent sur eux, provenant de l'augmentation en volume des consommations alimentaires comme de leurs changements de structure, des modifications dans l'évolution des prix et coûts, de la nécessité d'assurer une certaine correspondance entre le niveau de revenu des agriculteurs et celui des autres producteurs, de l'incidence des différentes formes de progrès techniques, des effets des mesures de politique agricole adoptées par les pouvoirs publics.

A cette dynamique externe représentée par l'influence qu'exerce l'ensemble du système économique sur l'agriculture et ses structures de production, s'ajoute une dynamique interne qui permet d'appréhender les transformations des systèmes productifs pratiqués par les agriculteurs.

Tout système productif comporte, en agriculture, les trois aspects (système de culture, système de production et système d'exploitation).

I.4.1 Système de culture

Le système de culture désigne les combinaisons culturales adoptées par les agriculteurs, l'ensemble plus ou moins structuré des productions végétales et animales retenues par ces derniers.

L'agriculteur poursuit un objectif bien déterminé: on pourrait penser qu'en fonction de celui-ci, il existe une culture qui permet, mieux que les autres, de l'atteindre. Dans ce cas, on assisterait à la pratique généralisée de la monoculture. Dans certains cas, le pouvoir de décision est partagé entre plusieurs centres dont chacun poursuit un objectif qui lui est propre. Le système de culture se ressent alors de cette pluralité.

En second lieu, en raison de l'hétérogénéité des terroirs et des parcelles qui composent la plupart des exploitations, il n'est pas certain que la culture aboutissant au meilleur résultat sur certains tènements (parcelles) soit également celle qui donne les résultats les plus satisfaisants sur le reste de l'exploitation.

En troisième lieu, il est possible que, même si l'agriculteur retient une seule production finale, il s'adonne à des cultures dont les produits sont utilisés comme consommations intermédiaires et constitue l'auto-approvisionnement.

Il faut aussi tenir compte du fait que l'agriculteur ne poursuit pas un seul objectif.

On comprend, dans ces conditions, que les systèmes de culture se caractérisent par leur diversité, leur complexité et leur plasticité. Dans ce domaine non plus, l'économiste rural ne pourra pas faire l'économie d'une analyse. Celle-ci exige le repérage des systèmes de culture et leur interprétation.

Le repérage des systèmes de culture

Le repérage des systèmes de culture présente une double utilité. En premier lieu, il permet de connaître le contenu du système; en second lieu, l'étude d'un produit déterminé ne peut être effectuée correctement que si l'on tient compte des différents systèmes de culture auxquels ce produit participe.

L'économie d'un produit ne peut pas faire l'objet d'une étude pertinente si l'on ignore les divers systèmes de culture dans lesquels il se trouve inséré (au Cameroun par exemple, quand on parle du coton dans le nord, on prendra en compte l'élevage; du cacao dans le sud-ouest, on parlera du plantain, ...).

Pour faciliter l'indispensable repérage des systèmes de culture, il faut prendre appui sur une typologie qui situe la position des systèmes les uns par rapport aux autres. On peut fonder cette typologie sur un nombre de productions finales retenues et sur les liens qui les unissent (culture unitaire, système de culture en association, ..)

L'interprétation des systèmes de culture

Au-delà de l'observation, il convient, si l'on veut comprendre le fonctionnement du système productif, de rechercher les raisons qui incitent l'agriculteur à se prononcer en faveur d'un système de culture déterminé.

On peut estimer que les agriculteurs prennent en compte des considérations tenant à la sécurité, qu'en second lieu ces agriculteurs peuvent être sensibles à des phénomènes touchant aux problèmes fonciers et en troisième lieu ils peuvent s'intéresser à la rentabilité des cultures.

Tout d'abord, des considérations relatives à la sécurité sont présentes lors de la détermination du système de culture. La sécurité peut correspondre à des objectifs divers. Dans certains cas, la sécurité est envisagée sous l'angle purement alimentaire. Dans d'autres cas, elle peut revêtir un aspect qu'on peut qualifier de financier. Le système de culture comporte des éléments destinés à l'autoconsommation ou à l'auto-approvisionnement, parce que leur présence facilite la gestion de la trésorerie et évite d'avoir à effectuer un certain nombre de dépenses. Le désir d'autonomie de certains systèmes d'économie agricole, notamment, de l'agriculture paysanne, débouche sur la prise en compte de cette sécurité financière.

En ce qui concerne le foncier, ce sont souvent les désirs de conservation du sol ou de ses capacités productives, de préservation de certains droits qui prévalent dans la détermination des systèmes de culture. Il n'est pas rare que certains producteurs intègrent systématiquement l'arbre dans leur système de culture pour marquer leur propriété foncière pour la parcelle, s'il en est effectivement propriétaire.

Quant aux considérations relatives aux rentabilités, elles sont plus ou moins impératives selon la composition des coûts de production. Lorsqu'une fraction importante de ces coûts ne donne pas lieu à des dépenses monétaires, l'impératif de la rentabilité se trouve atténué. Au contraire, lorsque la quasi-totalité des coûts provoque des dépenses, il devient nécessaire de couvrir ces dépenses par des recettes correspondantes et de rechercher celles des cultures donnant les meilleurs résultats. Mais même lorsque la composition des coûts n'intervient pas, il est fort probable que les agriculteurs se révèlent sensibles à la rentabilité des diverses cultures.

I.4.2. Système de production

Le système de production se rapporte aux combinaisons productives, aux dosages opérés à l'intérieur de ces combinaisons entre les principales ressources productives: les ressources naturelles, le travail, les consommations intermédiaires et les biens d'équipement. Les systèmes de production sont le siège des changements dus aux exigences de développement. Les innovations technologiques y trouvent leur moyen d'expression.

La structure du système de production

Analyser le système de production revient à détecter les relations qui existent entre les diverses ressources productives et à préciser la fonction assignée à chacune d'entre elles. Et cela en liaison avec un double impératif: atteindre un certain niveau de production et l'obtenir au moindre coût.

L'existence d'une combinaison entre les quatre types de ressources productives atteste la présence des relations de complémentarité. Il semble que dans le secteur agricole, le degré de substitution entre ressources productives soit supérieur à celui qu'on enregistre dans les autres secteurs d'activités. C'est le degré de substitution entre ressources productives qui est en cause lorsque l'on examine les systèmes de production; alors que lorsque l'on fait état des systèmes de culture, c'est plutôt le caractère polyvalent de ces mêmes ressources que l'on est amené à prendre en compte.

Le choix d'un système de production est commandé par deux phénomènes économiques qui se renforcent quelque fois mais qui ne concordent pas souvent. Un premier facteur est relatif à l'abondance des diverses ressources productives dont dispose une économie déterminée, abondance relative qui s'apprécie en fonction des objectifs que se fixe la société. Le second facteur qui intervient dans la détermination des systèmes de production est représenté par les coûts des diverses ressources productives. Ces coûts peuvent être considérés de divers points de vue:

✓ Tout d'abord en fonction des spécificités propres de chacune des ressources et de leur mode de disposition. Les ressources naturelles comportent un élément de gratuité qui peut être plus ou moins accentuée en fonction de la fertilité des sols, du statut foncier, de l'abondance ou rareté des terres disponibles, même si avec les problèmes d'adéquation entre ressources naturelles et besoins a conduit certains économistes à proposer une valeur à ces ressources : c'est la naissance de l'économie de l'environnement et des ressources naturelles.

✓ Le travail aura souvent, en agriculture, le caractère de coût fixe surtout lorsqu'il est d'origine familiale.

Ressources naturelles et travail ont d'ailleurs en commun d'être des ressources productives en quelque sorte “données” tandis que les deux autres (consommations intermédiaires et biens d'équipement) doivent être “créées”; les conditions de création de ces dernières sont variables.

La diversité des systèmes de production est due à l'existence d'un certain degré de substitution entre diverses ressources productives.

On pourra déceler des relations de complémentarité lorsque l'utilisation accrue d'une ressource productive entraînera une utilisation plus importante d'une autre ressource productive. La culture motorisée peut, dans les pays où existent des terres disponibles mais non utilisées, permettre de mettre en culture ces terres pour en tirer parti des ressources qui jusque là n'étaient pas employées dans leur intégralité.

On peut considérer qu'il y a des relations de substitution lorsque l'utilisation en plus grande quantité d'une ressource productive est liée à la rareté croissante d'une autre. Dans la plupart des cas, lorsqu'on considère les ressources productives deux à deux, on perçoit l'existence simultanée de relations de complémentarité et de rapports de substitution.

Les systèmes de production constituent en définitive des ensembles assez complexes dans lesquels le rôle des différentes ressources productives, en dépit d'un certain degré de substitution, n'est pas différencié.

Les caractéristiques des systèmes de production

Les systèmes de production pratiqués par les agriculteurs sont soumis, à travers les mécanismes économiques, à une double finalité: obtenir le volume de production requis par les normes sociales ou l'état des marchés, réaliser ce volume au coût le mois élevé possible. Ces deux contraintes ne sont pas souvent conciliables. Il semble par ailleurs, que les diverses ressources productives, tout en concourant à la réalisation de l'un et l'autre de ces deux objectifs, y participent de façon différente, le rôle des consommations intermédiaires semble prépondérant lorsqu'il s'agit d'accroître le volume de la production. Celui des biens d'équipement, tout au moins ceux constitutifs de la motorisation, est plutôt d'abaisser les coûts de production ou d'en atténuer l'augmentation lorsque l'emploi de la main-d'œuvre devient onéreux.

I.4.3 Le système d'exploitation

Le système d'exploitation s'intéresse au mode de fonctionnement des unités de production, à ce que l'on peut appeler leur organisation socio-économique.

Quels éléments doit-on prendre en compte lorsqu'il s'agit d'analyser le fonctionnement des unités de production? Ceci peut être regroupé en quatre thèmes essentiels.

La détention du pouvoir de décision

Le pouvoir de décision, au niveau de l'exploitation, intéresse tout d'abord le système de culture. Il s'agit de définir un programme de production qui pourra, au cours des campagnes successives, subir un certain nombre de modifications. En second lieu, ce pouvoir de décision concerne les systèmes de production, id est les ressources qu'il convient d'utiliser pour aboutir au résultat recherché. En troisième lieu, le pouvoir de décision porte sur l'affectation du revenu de l'exploitation. Choix de système de culture, détermination d'un système de production, affectation des revenus de l'exploitation, représentent l'essentiel du pouvoir de décision.

En dehors du cas de planification stricte, le pouvoir de décision est interne à l'unité de production. Il peut revêtir plusieurs modalités. En premier lieu, il peut appartenir à un seul individu que l'on dénomme chef d'exploitation. Dans ce cas l'exploitation est une pensée unique.

Dans d'autres cas, le pouvoir de décision peut être de type pluraliste et relever de la compétence de deux ou plusieurs individus.

Le pouvoir de décision peut revêtir une allure collective dans les coopératives de production fonctionnant dans un système d'économie décentralisée. Dans chaque cas, il y a lieu de s'interroger sur la détention du pouvoir de décision et sur les conditions de son exercice.

La structure interne des unités de production

En ce qui concerne la structure, on peut distinguer trois types d'exploitation: exploitation unitaire, des exploitations compartimentées et des exploitations dualistes.

Les exploitations de type unitaire correspondent à ce que l'on constate le plus souvent dans les agricultures de type européen. En outre, on observe le plus souvent une assez grande correspondance entre quatre types d'unités: l'unité de production qui se confond avec l'exploitation, l'unité de résidence constituée par la ferme, l'unité de consommation représentée par le ménage, l'unité d'accumulation assimilée au patrimoine, patrimoine au sein duquel l'exploitation représente un élément essentiel.

On peut, dans d'autres économies, avoir affaire à des exploitations de type compartimenté, les différents éléments constitutifs de l'exploitation étant repartis entre différentes composantes de la famille.

Le contenu des décisions prises au sein d'une exploitation est dépendant du système de mise en disposition des ressources productives.

Les modes de disposition des ressources productives

Ils concernent l'accès à la terre, les disponibilités en travail, l'approvisionnement en consommations intermédiaires et biens d'équipement.

On peut mettre en valeur une terre en tant que propriétaire, locataire, attributaire ou gestionnaire.

On peut donc avoir accès à la terre en raison d'un titre de propriété qui implique notamment un droit d'usage et celui de percevoir les revenus issus de sa mise en culture.

Le deuxième mode d'acquisition de la propriété foncière réside dans la transmission successorale.

L'accès à un pouvoir de décision sur la terre peut également s'opérer en louant ses services au titulaire d'une exploitation qui n'entend pas en assurer lui-même la gestion.

En ce qui concerne le travail, il peut être fourni, par les marchés de travail ou par des entreprises de culture. Tous ces éléments vont être développés dans la théorie des propriétés au chapitre IV.

Quant aux autres ressources productives, consommations intermédiaires et biens d'équipement, elles peuvent être obtenues soit par voie d'auto-approvisionnement soit par acquisition à l'extérieur de l'exploitation.

La participation à d'autres activités productives

L'exploitation agricole peut être autonome, ses membres n'ont pas d'autres activités productives que celles liées à l'exploitation elle-même. C'est à partir de l'exploitation que doit être réalisé l'objectif que se fixent les ménages d'agriculteurs. Dans d'autres cas, l'exploitation fait partie intégrante d'un ensemble plus vaste dans lequel coexistent activité agricole et activité industrielle. Cette dernière étant le plus souvent relative à la transformation des produits agricoles. Et ainsi se trouve constitué un complexe agro-industriel dans lequel agriculture et industrie sont intimement associées. C'est à partir d'une analyse précise de la comptabilité de ce complexe que l'on peut apprécier la place respective et les performances de deux composantes. Il existe une troisième possibilité, certainement la plus utilisée: certains membres de l'exploitation agricole participent à des activités extérieures à celles de l'exploitation. Il s'agit ici de la notion de « polyactivité » ou des activités extra agricoles.

Ce bref aperçu du système productif agricole, nous permet de mieux aborder l'approche filière dans ce sens qu'il nous rappelle l'intérêt d'une approche systémique dans la compréhension du fonctionnement des exploitations agricoles, surtout qu'au niveau de l'analyse de filière on est beaucoup plus interpellé pour les produits agricoles et il faut aussi noter que cette approche a été introduite essentiellement par les économistes travaillant plus sur les industries agro-alimentaires. Même si elle permet d'aborder toute sorte de produit qu'il soit agricole ou pas, dès lors qu'il part d'une matière première et se transformant progressivement jusqu'à l'utilisation finale.

Chapitre II
Les éléments constitutifs de la notion de filière et ses utilisations

Pour mieux appréhender cette notion qui a pris quand même du temps aux économistes « purs » pour mieux l'intégrer dans leur démarche, il est de toute évidence plus aisé d'adopter une démarche progressive. C'est pour cette raison que nous avons tenu à éclater l'ouvrage en chapitres relativement courts et concentrés sur quelques éléments pertinents de l'approche afin qu'on puisse progressivement la construire.

II.1- Origine

De façon très générale, la notion de filière renvoie au sens propre, à la description « d'un instrument destiné à étirer et à produire des fils », tandis qu'au sens figuré, elle suggère l'image d'actes successifs, d'états à traverser, d'une sorte de parcours obligatoire pour atteindre un certain but.

Dans le domaine, plus strictement économique, la filière de production évoque l'idée d'une suite obligée d'opérations s'emboîtant les unes dans les autres, comme le long d'un fil, de haut en bas.

Chaque opération assure la production d'un bien qui est utilisé pour mener à bien l'opération suivante. En généralisant, la filière peut être perçue comme un enchaînement d'activités qui aboutissent à la mise à disposition d'un bien au consommateur final, situé tout à l'extrémité du processus, au marché domestique.

Il est vrai qu'au départ, la filière a tout simplement été utilisée pour décrire une suite d'opérations s'enchaînant très logiquement, depuis le traitement de la matière première jusqu'au produit semi-fini, puis jusqu'au produit fini. Les technologies en œuvre n'avaient aucun rapport avec elle. Agissant de la sorte, on se préoccupait surtout de considérer simultanément deux phénomènes déterminants: les modes d'organisation de chaque étape de la transformation et les procédés de transferts d'une étape à une autre.

Par la suite, la notion de filière ne s'est pas cantonnée dans son rôle de simple instrument de description du processus de production: elle s'est progressivement enrichie des résultats d'au moins quatre séries de réflexions qui ont été déterminantes pour elle.

✓ Les premières sont celles d'auteurs mettant l'accent sur le rôle des *technologies* et sur l'importance qu'elles jouent dans la structuration des systèmes productifs ;

✓ les secondes sont surtout le fait d'auteurs (anglo-saxons) analysant la partie du *phénomène d'intégration* et mettant en évidence les effets de complémentarités et de synergie qu'on pouvait atteindre d'un bon enchaînement des processus ;

✓ les troisièmes sont dues à des économistes (surtout européens) qui, directement liés à des préoccupations de politique industrielle, ont privilégié *l'analyse des TES* (Tableaux d'entrées et Sorties), et se sont efforcés de dégager, à partir de l'étude des rapports d'échange, les relations des activités les unes avec les autres;

✓ les dernières séries de réflexion qui ont contribué à enrichir l'analyse des *stratégies des firmes* et surtout des groupes pour lesquels il est précisément apparu que la filière pouvait représenter un lieu d'*efficience* et un espace de *valorisation du capital.*

Après des discussions avec les étudiants de l'option économie et sociologie du niveau 4 de la Faculté d'Agronomie et des Sciences Agricoles de l'Université de Dschang, nous nous sommes rendu compte que les TES sont totalement inconnus jusqu'à ce niveau de formation. Ce qui veut dire que nos lecteurs auront certainement besoin d'une petite présentation, ne serait-ce que spatiale, de ces derniers. C'est la raison pour laquelle nous présenterons d'abord cette notion bien connue des comptables avant de passer aux éléments concernant la filière elle-même.

En effet, utilisé en Comptabilité Nationale, le Tableau Entrées-Sorties (TES) (figure 1) est un tableau décrivant les flux de ressources et des emplois de tous les produits au cours d'une année. Les deux parties principales d'un TES dans l'optique d'une analyse de filière sont :

✓ Le Tableau des Emplois Intermédiaires (TEI) ou Tableau d'Echanges Intermédiaires, Tableau d'Echanges Interbranches, Tableau d'Echanges intersectoriels, Tableau d'Input-Output ou tout simplement appelé **Matrice Leontief**, au nom du concepteur ; ce Tableau qui fournit les comptes de production des branches figurant en colonnes tandis que leurs consommations intermédiaires sont indiquées en ligne. Les comptes de production (nous allons y revenir dans le chapitre sur les comptes) se lisent verticalement ;

✓ Le Tableau des comptes d'exploitation, situé en dessous du TEI qui donne verticalement la répartition de la Valeur Ajoutée créée par les branches.

La somme des cellules de chaque colonne est donc égale à la valeur globale de la production de la branche.

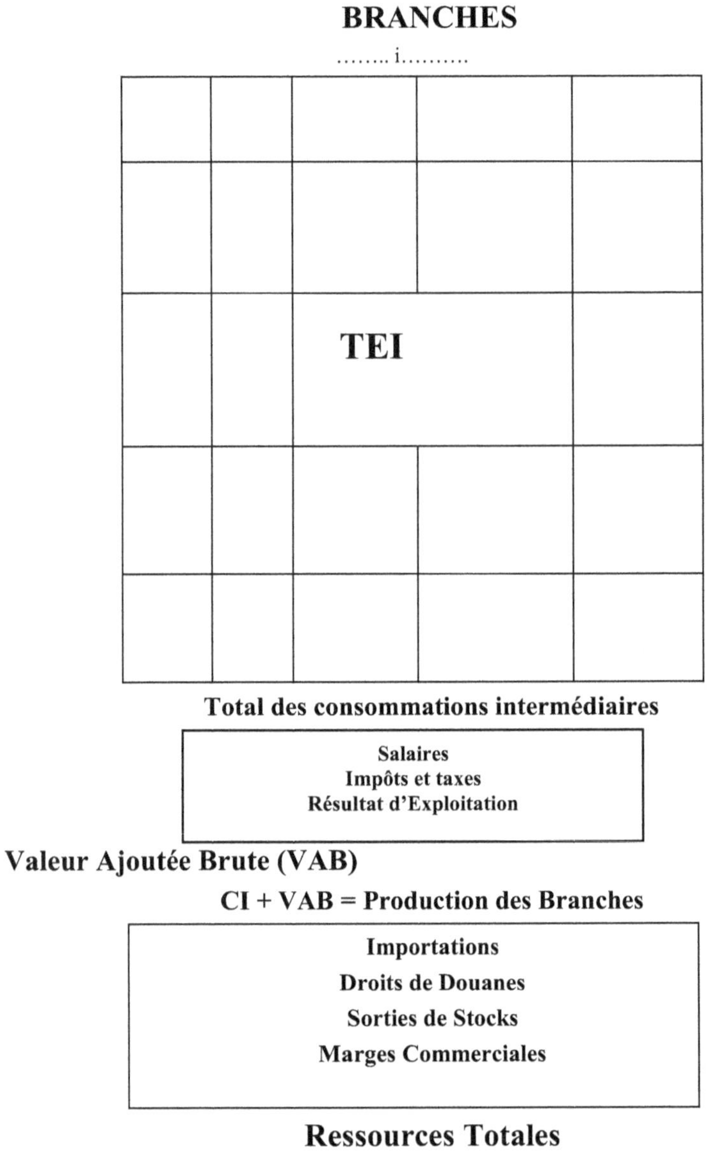

Figure 1 : La structure d'un Tableau Entrées-Sorties

Après cette présentation du TES et avant de définir la notion de filière de production, il est préférable de recenser ses principaux éléments constitutifs et d'énumérer les réalités auxquelles elle fait référence.

II.2. Éléments constitutifs

D'après ce qui est dit, évoquer la notion de filière, c'est parler clairement de trois séries d'éléments :

- la filière de production c'est une succession d'opérations de transformation dissociables, séparables et liées entre elles par des enchaînements de techniques et de technologies. C'est donc un *espace de technologies*. Cet espace ainsi défini est susceptible de se modifier en fonction de l'état des connaissances scientifiques dominants et des modalités d'organisation des relations de travail.

- la filière de production, c'est aussi un ensemble de relations commerciales et financières qui s'établissent entre tous les stades de transformation, un *flux d'échanges* amont - aval entre fournisseurs et clients. Cet espace de relation, est orienté par au moins trois séries de phénomènes, *les techniques,* forcement sous-jacents à la mise en place des opérations et qui imposent leurs contraintes- *les marchés* dont les contraintes de prix orientent les échanges -des *éléments divers* qui jouent un rôle, croissant dans la détermination de *compétitivité* (recherche de sécurité d'approvisionnement, comparabilité des systèmes de gestion) qui orientent largement les échanges.

- la filière, c'est un ensemble d'actions économiques qui président à la mise en valeur des moyens de production et assurent l'articulation des opérations.

Ainsi approchée, la filière attire l'attention sur l'orientation de l'ensemble productif et sur les comportements des agents qui l'organisent; elle devient assez rapidement un *système*, composé de sous-systèmes, avec ses règles, ses réseaux, ses contraintes et ses logiques. Considérée d'un point de vu statique, comme une suite d'enchaînements ou les interdépendances fonctionnelles et technologiques entre les éléments apparaissent évidents, elle est généralement perçue d'un point de vue dynamique comme un processus où les modalités d'enchaînements peuvent se modifier, principalement du fait du jeu d'effets de dépendance, induits par la domination d'agents situés à l'extérieur de la filière ou par des pressions venant de l'extérieur. Ici, l'apport des théories de régulation et des conventions est essentiel.

En utilisant la notion de filière, les économistes ont généralement tendance à privilégier un élément plutôt qu'un autre. Ceci explique donc qu'en fonction des conceptions larges retenues de cette notion, des utilisations diverses sont faites.

II.3. Diverses utilisations de la notion de filière de production

Alors que certains se sont contentés de ne voir en la filière qu'un outil de description technico-économique ou qu'une modalité de découpage du système productif, d'autres y voient une méthode d'analyse des stratégies des firmes ou un outil pertinent de définition d'une politique industrielle (agroalimentaires et autres).

II.3.1. La filière comme outil de description technico-économique

Une première démarche consiste à ne surtout voir dans la filière qu'un outil d'analyse, technique s'attachant à décrire les enchaînements nécessaires à l'élaboration d'une production finale. Pour certains cette, étape est centrale et doit faire abstraction de tous les autres éléments intervenant dans chaque stade pour ne décrire que cette chaîne de relations techniques. Pour d'autres cette analyse n'est qu'un préalable, mais un préalable indispensable pour toute compréhension de l'organisation de la filière, elle met en évidence le squelette de la filière qui renseigne sur l'état de la technologie et avec lequel il faut compter pour expliquer la réalité économique. Une seconde démarche, plus complexe, consiste à voir dans la filière un outil d'analyse technico-économique.

✓ De façon plus précise, mener à bien une telle analyse, consiste après avoir étudié la façon dont chacun organise chaque opération nécessaire à l'élaboration d'un produit (opération de production, d'achat, de stockage, de transformation, de transport, de vente....), à préciser la nature des rapports entre tout ce qui caractérise fondamentalement la structure de la filière étudiée.

✓ Cela signifie, premièrement, considérer les diverses technologies développées. Ce qui revient à analyser les flux de connaissances et de savoir-faire, elles varient en fonction des innovations et des rythmes de diffusion du progrès technique.

✓ Cela signifie ensuite, considérer la nature du produit final et celle des produits intermédiaires qui servent à son élaboration, ainsi que de leurs importances respectives. Ce qui revient à l'analyse des flux de matières.

✓ Cela signifie, enfin, considérer la nature des marchés qui constituent les lieux privilégiés d'échange d'un stade de production à un autre, ainsi que la nature du marché du consommateur final.

Cette triple considération (technologies, produits, marchés) est préalable à la définition et à la compréhension de la logique d'une filière ainsi qu'à l'analyse de son évolution. Cette articulation est présentée dans la figure 2.

	marchés intermédiaires	marchés finaux
Marchés « lieux d'échanges »	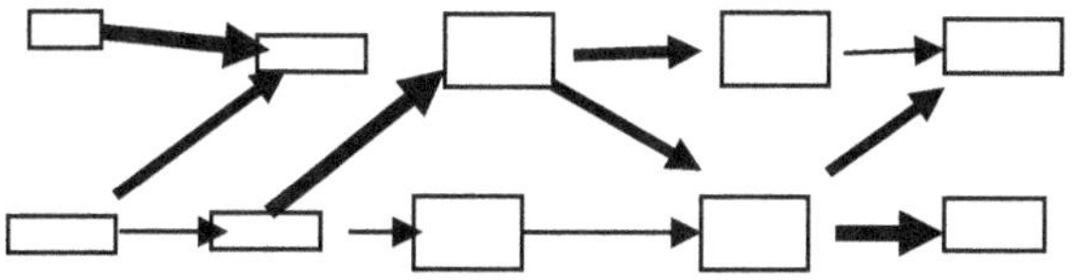	marchés de gros et marchés de détail marchés nationaux ou internes
Produits « flux de matières »	Matières 1ères → produits de base *Stades intermédiaires* Produits Semi-finis	produits finaux
Technologie « flux de connaissances »	Géophysique, Géologie, sismique Forage, mines, Culture, Abattage Mer, Oléoduc, Air Usinage, Assemblage, Filage Air, oléod.	Vente
	Exploration → Extraction → Transport → Transformation → Transport →	Distribution vente

Figure 2 : Schéma des opérations et des articulations technico-économique d'une filière-type.

En termes statiques, c'est à tout moment, la stricte superposition de ces trois éléments qui va fixer l'état de la filière, dans la mesure où elle peut être perçue comme un ensemble d'éléments dont les natures respectives s'interpénètrent et ne peuvent être envisagées indépendamment les unes des autres: la nature du marché final influence automatiquement la nature des modes de production.

En termes dynamiques, la considération simultanée de ces trois éléments va largement pouvoir servir de cadre explicatif efficace à l'évolution des économies, dans la mesure où une modification induite par un quelconque événement affectant l'une de ces trois logiques va relancer la dynamique interne de la filière (l'application de nouvelles technologies va modifier la nature du produit, ce qui va permettre la conquête de nouveaux marchés).

Les acteurs de la filière sont les différents agents économiques en relation successive les uns avec les autres jusqu'à l'utilisateur final des produits considérés, id est jusqu'au consommateur domestique.

Chacun de ces agents, individus ou entreprises, réalise un certain nombre de fonctions physiques ou commerciales, et se situe à l'un ou l'autre, ou à plusieurs des différents stades. Chaque fonction physique ou commerciale est affectée (accompagnée) d'un coût.

La marge totale d'un agent de la filière est donc décomposable en coûts caractérisant les fonctions accomplies par cet agent.

Les stades sont des étapes qu'on peut délimiter dans le procès qui va de la production à la consommation. On distingue deux phases essentielles: celle de ***la production*** qui correspond à un seul stade, et celle de ***la distribution*** qui est subdivisée en plusieurs stades: - mise en marché - transport principal - stade de gros, exportation et importation [dans les échanges internationaux] - le détail-consommation finale.

On remarque qu'un double flux parcourt les filières: le flux des marchandises qui va de l'amont en aval et un autre flux, lui, remonte la filière, il s'agit des informations, des desiderata des consommateurs et des distributeurs, des « signaux du marché ».

On notera également que la filière est fondée sur le postulat d'une cohérence logistique suffisante pour que les produits parviennent jusqu'au consommateur dans un état, un délai acceptable et avec des taux de pertes convenables.

II-3.2. La filière comme modalité de découpage du système productif

Dans une autre optique, la filière de production sert à représenter le système productif et à le découper de façon pertinente. En effet, celui-ci est constitué d'un ensemble de branches qui entretiennent entre elles des relations d'achats/ventes; en repérant les grands flux d'échanges qui le traversent dans l'exemple de la figure 2, on repère les filières qui, d'amont en aval, constituent autant de colonnes verticales autour desquelles s'articulent les activités. Généralement, la règle de repérage est simple: les branches qui appartiennent à la filière ont plus de relations entre elles qu'avec les branches qui n'en font pas partie.

Par ailleurs, alors qu'il est plus aisé de déceler les relations entre les branches appartenant à une filière dans une économie industrielle avancée, il devient possible de caractériser le système productif des économies moins avancées (des pays en voie de développement) par l'indépendance relative des branches. Dans certains cas, extraction pétrolière par exemple, une branche peut vivre de façon autonome sans acheter ni vendre de biens de consommations intermédiaires au reste des entreprises. On conçoit l'intérêt de découper la production en quelques secteurs indépendants dont chacun pourrait être étudié séparément.

La plupart des travaux menés dans ce sens l'ont été à partir d'un découpage du TES. Tous ces travaux, qu'ils fassent apparaître des relations d'interdépendance au sein du système productif ou des relations de dépendance, en termes d'influence économique, ne sont souvent que des savants découpages de la réalité macro-économique. Dans ce cas, ces filières, si elles présentent l'avantage de la rigueur des chiffres, révèlent quelques limites :

- elles privilégient presque uniquement les approches en termes de marché de produits, puisqu'elles reposent sur les données quantitatives de flux d'échanges, ce qui correspond à une vue réductrice des relations entre les différents stades et entre les agents du système : les rapports sociaux ;
- de plus, les filières sont construites à partir d'un découpage en branches fait dans le cadre de la comptabilité nationale, il n'est pas sûr qu'il soit adapté souvent aux objectifs visés;

- en outre, les études d'influence menées au sein des filières à partir de tels découpages se font verticalement, privilégiant pratiquement toujours le système amont: or il n'est pas sûr que les branches clés se situent à ce niveau;

- enfin, de telles constructions ne sont pas capables de faire apparaître deux séries de données qui contribuent à structurer en profondeur la filière et à lui procurer une dynamique: d'une part les technologies et leur évolution; d'autre part, les comportements concrets des agents dominants (ou dominés) ; les problèmes de dominance au sein des filières.

C'est en partie pour échapper à de telles critiques que sont développées en permanence des études de type monographique, visant moins à découper le système global qu'à analyser en profondeur une filière précise. Réalisées par l'administration centrale et des chercheurs universitaires, elles combinent les données de la comptabilité nationale et une bonne connaissance empirique de tissu national et régional et arrivant à produire de la sorte des études très détaillées pour la compréhension de la logique productive.

Dans cette logique, on arrive fatalement à une modélisation et donc comme modèle, la filière peut être considérée comme un système fermé. Il s'agit d'un modèle ensembliste qui peut progressivement évoluer vers une forme systémique, ce qui résume l'évolution de cette utilisation de la filière comme modalité de découpage du système productif telle que présentée jusqu'ici.

- Le modèle ensembliste

Le modèle ensembliste représente la phase de définition de la filière comme un système, subdivisé en sous-systèmes.

On entend par système un ensemble d'éléments en relation doté d'une finalité. Si on est capable de classer les éléments en relation selon les modalités suivantes:

Relations contractuelles	(a)	entreprises industrielles	1
Relations de marché	(b)	entreprises ind. Familiales	2
Relations de gré à gré	(c)	entreprises artisanales	3
Relations nulles	(d)	unités en autoconsommation	4

on peut alors faire apparaître les quatre sous-systèmes possibles :

✓ le sous-système industriel composé d'unités de type 1 ayant entre elles des relations de type a ;

✓ le sous-système semi-industriel composé d'unités de type 2 ayant entre elles des relations de type b ;

✓ le sous-système artisanal composé d'unités de type 3 ayant entre elles des relations de type c ;

✓ le sous-système autarcique composé d'unités de type 4 ayant entre elles des relations de type d.

On suppose en effet que la filière est un ensemble constitué par les quatre sous-systèmes ci-dessus décrits. Il s'agit alors de reconstituer ces sous-systèmes, d'étudier les relations d'abord entre eux et ensuite entre les sous-systèmes et la filière. Chacun des sous-systèmes fonctionne en utilisant les relations qui lui sont propres dont la compréhension est fondamentale pour une bonne analyse de filière.

Par ailleurs, les sous-systèmes ne sont pas étanches et communiquent entre eux de plusieurs façons: d'abord en *empruntant* des relations aux sous-systèmes voisins (ainsi le système industriel, outre les contrats va utiliser le marché), ensuite en *inventant* en permanence des mécanismes ou des institutions.

La mise à jour de ces mécanismes permet de constater souvent la présence des niveaux de passage (passerelles) obligatoires entre les sous-systèmes d'une part, et la filière et l'extérieur d'autre part. Cette façon de procéder permet d'aboutir à une description plus ou moins simplifiée de la filière et de son fonctionnement.

-Vers un modèle systémique

Lorsque la filière analysée est connexe, l'approche assembliste doit être remplacée par une approche systémique permettant de repérer les points sensibles en faisant interviewer plusieurs spécialistes.

En procédant ainsi aux balayages successifs de la filière par des observations issues de disciplines différentes, on peut faire apparaître trois types de points sensibles :

- les étranglements (ou contraintes) incontournables et qu'il faut connaître : c'est le cas de la grande distribution qui par ses centrales d'achat pèse de plus en plus (par les prix, quantités, choix de produits) sur l'ensemble de la filière : le problème de dominance qu'il faut absolument repérer et analyser ;

- les atouts (points de force) et leurs conditions de mise en œuvre: ce sont les nœuds de contraintes socio-technologiques qui apparaissent sur des points précis de la filière. A condition que les opérateurs sachent en faire l'analyse, ces contraintes peuvent devenir des atouts. Ainsi, le choix d'une variété adaptée permet de répondre au problème du rendement, à l'évolution du goût de consommateur ;
- les points de régulation, ce sont les parties de filières qui vont permettre à la filière d'évoluer mais aussi d'éclater par le jeu des boucles de rétroaction ; largement développé dans le chapitre sur les fondements théoriques (systèmes de production, mise en place d'une interprofession).

II.3.3. La filière comme méthode d'analyse de la stratégie des firmes

Aux travaux sur la filière plutôt menée en termes de "structure" dont la finalité réside dans la recherche d'une compréhension des contraintes technico-économiques, il est possible d'ajouter, sans les y opposer, les travaux en termes de "comportement" : ils privilégient le rôle des acteurs et permettent des analyses des stratégies. Leur succès vient en grande partie du fait qu'il est plus en plus clair (à cause de l'émergence des grands groupes industriels) que la capacité concurrentielle des unités économiques ne réside plus seulement dans le développement de stratégies plus complexes. Telles des stratégies des filières ; dans la logique de cette stratégie, il est important de relever la situation concurrentielle dans laquelle peut évoluer la filière. En marketing, cet aspect de la concurrence devient de plus en plus préoccupant pour le maintien des firmes sur un marché donné.

Pour préciser l'état de concurrence de la filière proposé par Porter dans laquelle, s'inscrit toute entreprise de commercialisation, on peut se référer aux quatre éléments dont dépend la concurrence dans une activité donnée :

1. Menace de nouveaux entrants ;
2. Pouvoir de marchandage des fournisseurs ;
3. Pouvoir de marchandage des acheteurs ;

4. Présence des produits de substitution.

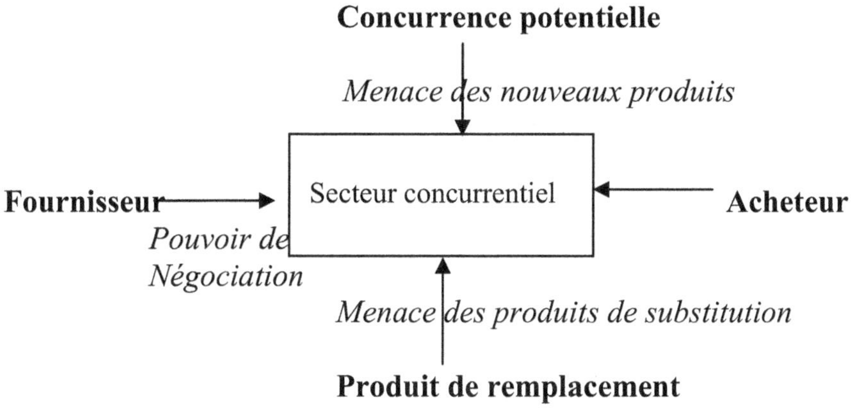

Figure 3 : Etat de concurrence de la filière

Un paramètre important à prendre en compte dans l'analyse de filière est le degré de transparence ou d'opacité des transactions qui la caractérise. L'opacité est associée à une insécurité des offreurs et des demandeurs, ce qui peut causer une atrophie des échanges.

Les agents de la filière entretiennent entre eux des relations de concurrence et de complémentarité, de conflit et d'accord : il s'agit d'un jeu dans lequel les rapports de force sont une composante majeure qui parfois font disparaître les « faibles » des marchés.

Chaque acteur de la filière tendra à avoir une stratégie d'agrandissement de sa marge au détriment de son amont et son aval, ce qui inclut une recherche du report des risques sur les autres acteurs. L'exemple peut être donné par l'exportation du haricot vert du Cameroun vers l'Europe où le producteur camerounais a l'obligation de rendre disponible son produit dans l'espace européen avant que le client ne prenne en charge. Ce faisant, les clients (les importateurs) européens reportent tous les risques de pertes dus au caractère périssable du produit et à la mauvaise organisation du système de transport entre le Cameroun et les pays européens sur les exportateurs.

La marge du jeu des acteurs est influencée par la taille. Leur degré d'organisation, leur efficacité, leur technicité, leur capacité de faire usage des avancées technologiques et scientifiques d'une manière compétitive, le degré d'incitation financière dont ils peuvent bénéficier surtout de l'appui dont ils peuvent bénéficier des pouvoirs publics, etc....

Dans les pays en voie de développement, on observe de manière répétée, l'existence d'une sorte d'équilibre par le bas entre producteurs et intermédiaires, id est distributeurs. Au sous paiement par les seconds "répond" chez les premiers ce comportement de fardage et de mélange des qualités, et vice-versa. Cette situation est stable. Elle s'auto entretient tant qu'une incitation financière n'aura pas joué. C'est pourquoi les filières d'approvisionnement des marchés intérieurs dans ces pays sont pour la plupart bloquées dans leurs avancées vers l'organisation et la technologie par le caractère généralement insolvable de la demande locale. Par contre, les progrès remarquables sont observés dès lors que les débouchés deviennent intéressants tant à l'intérieur qu'à l'extérieur.

On peut considérer l'existence d'une série de cercles vicieux ou de "goulots d'étranglement" qui entravent le développement de la filière et qui délimitent des étapes historiques difficiles à contourner.

Par exemple tant que les producteurs ne sont pas organisés, ils doivent nécessairement recourir à des ramasseurs qui prélèvent des marges importantes, souvent exagérées au détriment des producteurs et souvent contribuent à maintenir ceux-ci dans une situation d'insécurité et d'inorganisation. Les producteurs inorganisés sont moins réceptifs aux actions de vulgarisation et sont dans l'incapacité de mettre en œuvre des solutions exigeant des actions collectives. L'importance de l'organisation dans l'efficacité d'une filière est nettement perceptible dans les différentes filières coton en Afrique du Centre et de l'Ouest avec le développement des organisations paysannes qui jouent un rôle de premier plan dans le fonctionnent de ces filières.

En conclusion on peut tout simplement dire que la stratégie de la filière se définit par rapport à un produit, une opération, un marché et dans une perspective de court terme: pour les firmes qui pratiquent une telle stratégie, il s'agit de se déterminer par rapport à un tout et de gérer un ensemble en considérant la totalité des éléments qui les constituent, en prenant conscience de leur complémentarité et s'insérant dans la logique concurrentielle.

Globalement, cette "stratégie totale" part de cette idée que, de la proximité des agents, des opérations naissent des effets de synergie tels que la performance de la filière doit être supérieure à la somme des performances individuelles des unités qui la composent.

Après cette brève présentation des différentes utilisations de la filière en se basant sur ses éléments constitutifs, nous sommes en mesure de donner une définition de la filière qui satisfasse les économistes.

Chapitre III
La portée de la notion de filière de production et ses contours

Depuis son apparition, il faut noter que c'est beaucoup plus dans les années 70 que la plupart des théoriciens et praticiens de politiques et d'idéologues se sont emparé de la notion de filière et en situation de crise, lui ont confié les rôles les plus divers : celui d'être une toute nouvelle méthode d'approche du réel, alliant tout à la fois la simplicité et l'efficacité, un outil théorique particulièrement adapté à la définition des stratégies de sortie de crise, un paradigme capable de fournir une clé pour comprendre une réalité originale. Du fait donc de n'avoir pas de statut théorique bien défini, le fait de l'utiliser simultanément au niveau macro, ou micro-économique, le fait d'en faire à la fois un instrument d'analyse et un guide pour l'action, valable tant pour la filière que pour l'État ont donné une impression négative de la notion de filière. Il importe donc, qu'à partir des utilisations faites, de donner une définition sans équivoque de cette notion.

III.1. Définition de la notion de filière de production

La filière de production est une succession d'opérations de transformation aboutissant à la production de biens (ou d'ensemble de biens) ; l 'articulation de ces opérations est largement influencée par l'état des techniques et des technologies en cours et est définie par les stratégies propres des agents qui cherchent à y valoriser au mieux leur capital, les relations entre les activités et les agents révèlent des interdépendances et des complémentarités, mais sont aussi largement déterminées par les relations hiérarchiques dont le jeu contribue à assurer la dynamique de l'ensemble. Il en est de même des rapports sociaux et du cadre institutionnel (cf. chapitre IV).

III.2. La filière comme méthode d'analyse originale de la réalité industrielle

Si l'on entend par "méthode d'analyse", cet ensemble de démarches que suit l'esprit pour saisir un phénomène et en démontrer les mécanismes, on reconnaît généralement, qu'appliquée au système industriel, la filière présente plusieurs originalités dont il convient de préciser :

- C'est une notion qui transcende les découpages courants de l'économie, en secteurs primaire, secondaire, ou tertiaire, dans la mesure où une filière part des matières premières pour s'achever aux opérations de distribution, intégrant en passant, tous les stades intermédiaires ; de la même façon, elle transcende généralement les regroupements des activités en grandes catégories que nous connaissons, telles des "biens d'équipement", des "biens intermédiaires" et des "biens de consommation", dans la mesure où la filière peut traverser de part et d'autre ces phases du processus et regrouper des unités situées à chacune d'entre elles. Une filière réunit de ce fait des entités appartenant à plusieurs secteurs ou branches, elle est le lieu privilégié d'expression des liens contractuels. La théorie des contrats présente bien cette particularité au chapitre IV.

- C'est une notion qui permet de se démarquer des approches traditionnelles de la réalité industrielle : elle permet de se démarquer de la démarche d'inspiration walrasienne où l'allocation optimale des ressources est assurée par l'unicité des prix et des marchés, seul le bon fonctionnement de ces marchés doit garantir la réalisation de l'optimum économique, aucune intégration verticale ne pouvant améliorer l'efficacité à travers l'équilibre général de Walras (on aboutit à la notion de Pareto-optimale) dont l'effectivité est discutable sur l'économie réelle. Raisonner en terme de filière permet aussi de se démarquer des approches plus traditionnelles de l'économie industrielle, notamment du courant dit de « l'organisation industrielle » pour lequel les structures d'organisation ou les formes de marché sont déterminantes ou des approches les plus modernistes, qui recommandent de concentrer des ressources disponibles sur les activités porteuses et sur les unités les mieux placées face aux perspectives qui la commandent. Il s'agit là de l'utilisation rationnelle des ressources disponibles.

- C'est une notion qui ouvre la voie à l'élaboration d'une analyse méso-économique propre : utiliser en micro où en macro-économie, elle vise malgré tout à dépasser simultanément ces deux niveaux dans la mesure où elle donne pour objet d'étudier les activités et leurs actions et surtout d'analyser leur interrelation : c'est même l'articulation de tous ces éléments au sein d'un système qui peut permettre d'apprécier les performances de l'ensemble et de comprendre la dynamique même du système capitaliste.

➢ C'est une notion qui ouvre les voies à une analyse systémique : contrairement à l'analyse statique qui suppose des éléments invariants où les agents sont passifs, l'analyse de filière introduit une vision dynamique dans la mesure où elle essaie de mettre en évidence comment les "impulsions - réactions" sont gérées par les acteurs dans leurs champs d'influence et comment les jeux des ***marchés***, des ***technologies*** et des ***agents*** constituent autant de logiques articulées de manière spécifique pour engendrer des modifications structurelles. Comment ces logiques peuvent influer sur l'économie dans sa globalité c'est-à-dire sur le fonctionnement du système économique dans un pays ou même au niveau de l'économie internationale.

III.3. La filière comme concept en construction

Si l'on entend par "concept", une "représentation mentale et abstraite d'un objet", on peut dire que la notion de filière peut contribuer à présenter une vision nouvelle des relations économiques pour rapporter aux démarches habituelles donnant un rôle central au prix et marché.

La filière introduit une vision nouvelle de la réalité économique constituée par :

- Une prédominante des structures et de l'articulation de leurs éléments : par rapport à une simple approche des unités isolées, mettant en évidence les avantages de l'accroissement de la taille des unités, de la division du travail, elle fait apparaître la richesse d'une division des tâches prises dans leur ensemble et est porteuse d'une nouvelle conception des effets d'entraînements et des économies d'échelle faisant jouer à la fois les articulations de marché et les articulations des technologies. La logique marchande est largement tributaire du niveau des connaissances et de l'état des technologies disponibles. Elle introduit, par ailleurs, la prise en compte de l'asymétrie des informations dans une analyse économique ; ce qui n'est pas concevable dans la conception de l'équilibre général.

- Une conception nouvelle de lieu et des modes de connaissances : plus qu'à un découpage des marchés par zone et par produit postulant l'unicité des marchés et des prix, la filière vise une perception plus riche des formes modernes de la compétition, n'opérant pas de distinctions arbitraires entre les espaces géographiques (marché intérieur, marché extérieur), intégrant les éléments constitutifs de l'offre et de la démarche : prix et qualités donnant ainsi toute sa place aux stratégies marketing.

Aujourd'hui, à mi-chemin entre les préoccupations qui privilégient à la fois des marchés et celles qui mettent l'accent sur le rôle/place de l'intervention-régulation-institutions-planification, la filière est un concept capable de contribuer à l'explication des structures industrielles et de participer à fonder une analyse méso-économique efficace et l'organisation des marchés spécifiques. Elle est d'une contribution fondamentale pour la compréhension des systèmes économiques.

III.4. Limitation de la filière

III.4.1. Identification des flux et des opérations

En ce qui concerne l'agriculture, par exemple, le produit servant souvent à dénommer la filière (filière maïs, filière riz, filière cacao,...), il semble indiqué de partir de la production primaire, au niveau des paysans ou des exploitations agricoles, puis:

- de suivre le produit en aval au travers des divers circuits de commercialisation et des divers stades de transformation jusqu'aux marchés de réalisation ou de consommation domestique,
- d'identifier en amont les principaux fournisseurs d'intrants, d'outils et de services qui concourent à la production.

On «suit» donc le produit au cours de ses transformations successives. Quand on procède vers l'aval, les problèmes portent essentiellement sur la détermination de «sous filières » liées à des techniques de transformation différentes et à des produits différents ou sous-produits. Un exemple type est celui des filières associées, du type sous-filière «lait», sous-filière «viande», sous-filière peau, qu'il n'est pas possible de dissocier dans le cas de l'élevage.

D'une façon générale, la logique conduit à aller jusqu'au consommateur final ou à l'exportation. Mais quand on cherche à limiter les investigations nécessaires – ou pour des raisons liées aux objectifs de l'étude – il est possible de mener des analyses sur des «segments» de filière tout en laissant la possibilité de pouvoir continuer les calculs économiques ultérieurs quand la nécessité se fera sentir.

Quand on procède vers l'amont la marge d'appréciation est plus importante: la question principale étant celle de l'introduction de *l'agrofourniture* (engrais, produits phytosanitaires, machinisme agricole,...) et jusqu'à quel point. On retient généralement la règle que seuls les agents par lesquels transite réellement le *produit* doivent être inclus dans la filière. Dans ce cas, *l'agrofourniture* et tous les autres agents approvisionnant des agents de la filière à tous les stades ne sont pris en compte que dans les calculs économiques prolongeant ceux de l'analyse de filière proprement dite. Le cas le plus pertinent de ce point de vue est celui du prolongement de l'analyse de filière par la *méthode des effets*.

Toutefois, le bon sens et les possibilités d'investigation conduisent parfois à inclure dans la filière des fournitures amont essentiellement sur le plan technique et/ou économique. Il apparaît aussi justifié de procéder de la sorte quand des systèmes complets de fourniture d'intrants sont mis en place dans le seul but d'approvisionner la filière. C'est le cas par exemple avec la filière coton au Cameroun où l'organisme d'encadrement, la Société de Développement du Coton (Sodecoton), a des services spécifiques pour un certain nombre d'actions d'approvisionnement (engrais, produits phytosanitaires, le machinisme agricole à son temps...). Il en est de même pour la plupart des services fournis à la paysannerie par des organismes d'appui ou chargés du développement des cultures spécifiques dans beaucoup de nos pays en développement. Il apparaît donc qu'en descendant ou en remontant les chaînes de production, une bonne connaissance des techniques de production utilisées est nécessaire, d'autant plus que plusieurs enchaînements techniques peuvent exister au sein d'une même filière. On est ainsi amené à définir une *filière technique* décrivant la succession des transformations du produit.

III.4.2. Identification des agents de la filière

En pratique, l'identification des agents est peu dissociable de l'étape précédente d'identification des flux et des opérations. On peut dire, sans risque de se tromper qu'elle y est intimement liée. La répartition des fonctions et des rôles des agents de la filière doit faire l'objet d'une attention particulière dans l'étude. Tout particulièrement, les agents remplissant plusieurs fonctions, comme c'est souvent le cas des sociétés de développement ou d'encadrement de cultures industrielles ou d'exportation, doivent faire l'objet d'enquêtes et d'analyse fine. En effet, les diverses interventions qu'ils ont sur la filière doivent être soigneusement séparées afin de pouvoir procéder par la suite à une analyse technique du fonctionnement de la filière et, éventuellement, à une reconstitution des comptes analytiques de chaque fonction. L'importance d'une telle démarche est évidente pour toute application de l'analyse de filière dans le contexte de restructuration dont font face à nos jours les structures d'encadrement en charge du développement agricole dans la plupart des pays de l'Afrique.

Par ailleurs, il est important de regrouper les agents en catégories homogènes et significatives du point de vue de l'analyse économique et/ou technique et socioéconomique: petites exploitations familiales et grandes plantations industrielles sont ainsi distinguées tant pour des raisons socio-économiques que pour leurs différences dans les techniques de production utilisées. Enfin, les administrations elles-mêmes, dès lors qu'elles interviennent directement dans le fonctionnement de la filière, doivent être repérées. Il serait par exemple illusoire de travailler sur les filières riz, cacao, coton, café au Cameroun en faisant fi de l'administration étatique.

III.4.3. Analyse fonctionnelle

L'identification de la nature des flux physiques et des agents impliqués conduit à une analyse fonctionnelle de la filière qu'il est souhaitable de formaliser sous la forme d'un tableau (nous y reviendrons dans la démarche proprement dite) faisant correspondre:

- les principales fonctions, c'est-à-dire les étapes de la transformation et de l'acheminement, ainsi que les activités de fourniture d'intrants retenus comme faisant partie de la filière,
- les agents (ou fractions d'agents) conduisant ces fonctions,

- les produits de la filière concernée: c'est-à-dire le produit principal de la filière sous les diverses formes en lesquelles il est progressivement transformé.

Cette analyse est représentée dans le tableau 1 pour une meilleure compréhension.

Tableau 1 : Exemple d'une analyse fonctionnelle : le cas de la filière riz en Thaïlande

Stade de la filière	Fonction	Agent	¨Produit
Production	Culture	Petits producteurs Grands producteurs	Paddy Paddy
Commercialisation primaire	Commercialisation Transports aux décortiqueuses	Collecteurs - commerçants-forains Coopératives	Paddy livré aux décortiqueuses privées Paddy livré aux décortiqueuses collectives
décortiqueuses	Décorticage	Décortiqueuses privées et Décortiqueuses collectives	Livraison : - Aux grossistes du riz blanc et riz brisé ; - A l'industrie des pâtes alimentaires du riz décortiqué ; - A l'industrie d'alimentation animale du riz brut ; - A l'exportation du riz blanc et dur riz brisé ; - Aux

			détaillants du riz brisé.
Usinage	Transformation	Industrie des pâtes alimentaires	Livraison : - Aux grossistes - Aux exportateurs
Commercialisation	Commercialisation et transport	Grossistes-riz brisé Grossistes-riz blanc Grossistes-nouilles	Riz brisé Riz blanc nouilles
Exportation	Commercialisation et transport	exportateur-riz brisé exportateur-riz blanc exportateur-nouilles	Riz brisé Riz blanc nouilles
Détail	Transport Ventes finales	Détaillant-riz brisé Détaillant-riz blanc Détaillant-nouilles	Riz brisé Riz blanc nouilles

Source : FAO, EASYPOL/043

III.4.4. Etablissement d'un graphe de la filière

Une fois les agents concernés identifiés, une présentation sous forme d'organigramme permet de visualiser la structure économique induite par l'activité. La complexité du tissu économique impliqué est alors bien mise en évidence. Outre sa fonction puissante d'élément de présentation synthétique, le graphe de la filière se révèle être un véritable outil de réflexion et d'analyse (exemple de la figure 4 ci-après, qui présente la filière maïs au Cameroun).

Quantification physique des flux

Dès le début du repérage des flux, il est important d'en cerner non seulement la nature mais également les quantités physiques en jeu (ainsi que les valeurs monétaires qu'ils représentent), comme l'indique la figure 5 de la page 55 qui donne la quantification des flux du riz en Thaïlande pour l'année 1999.

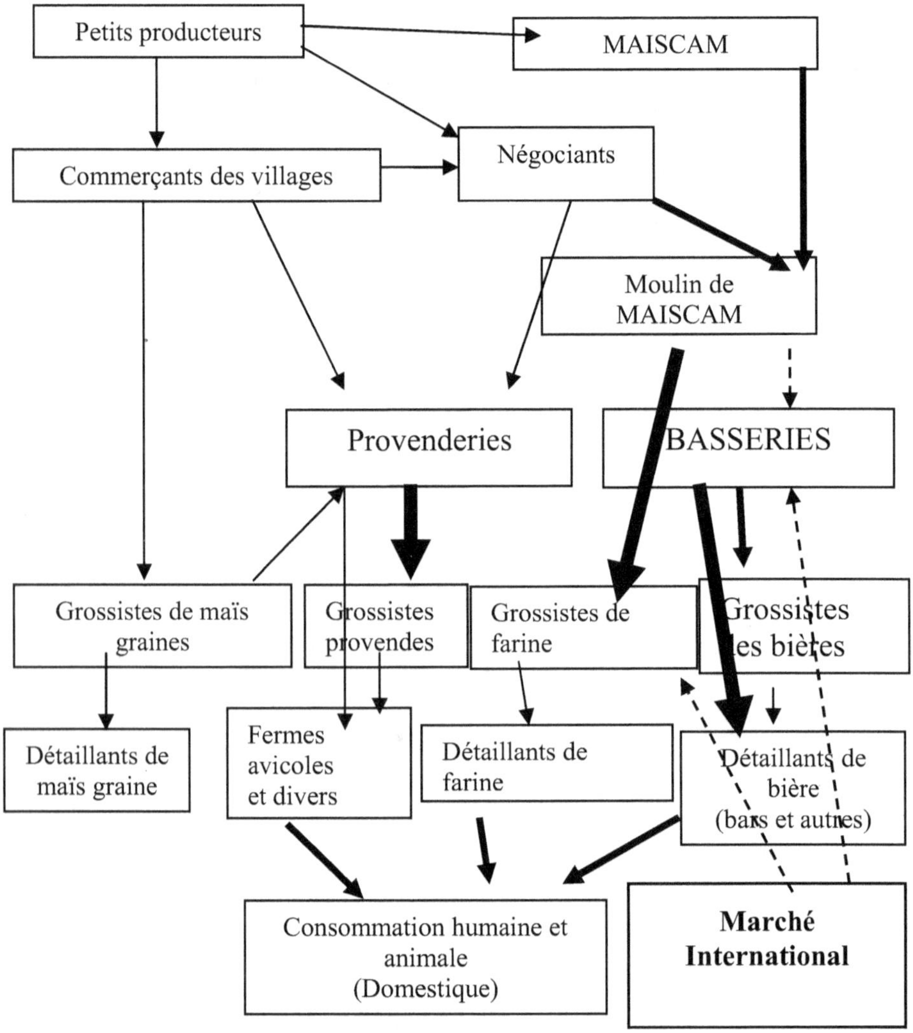

Figure 4 : graphe de la filière maïs au Cameroun

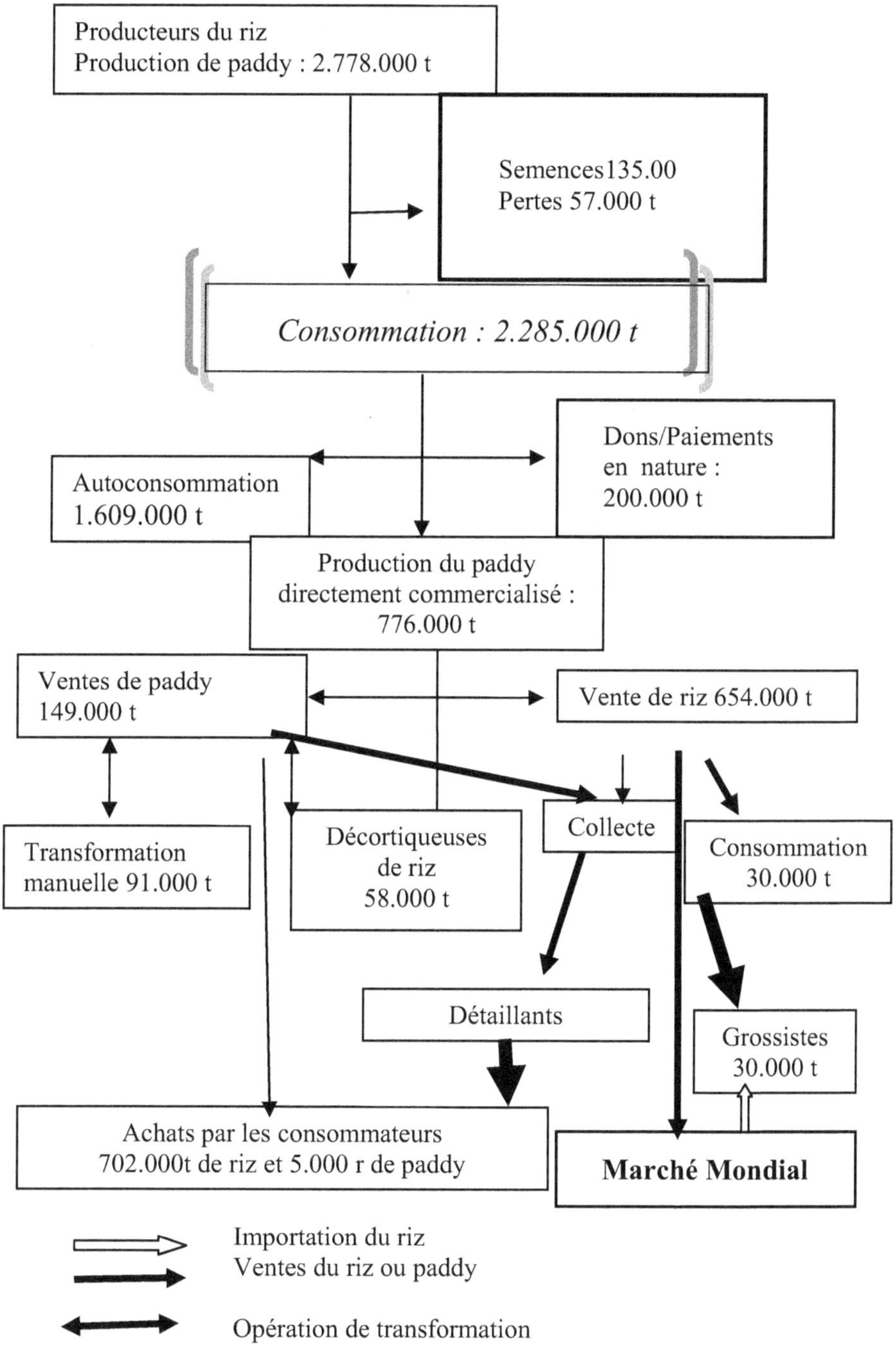

Figure 5 : Quantification physique des flux du riz en Thaïlande en 1999

De la sorte, on dispose des éléments permettant d'orienter les investigations ultérieures de manière à privilégier les sous-filières et les agents ayant les plus grands poids relatifs. De toute façon, il est utile de dresser une matrice des flux croisant les agents entre eux et faisant apparaître la nature du produit qui les lie. Chaque cellule de ce tableau à double entrée contient le volume (puis plus tard la valeur) des flux liant les deux agents (ou fractions d'agents). L'agent extérieur apparaît dans cette matrice si des importations ou exportations de produits sont constatées.

La recherche d'une information exacte et complète conduit à établir le tableau d'équilibre ressources/emplois, outil de calcul et de présentation des flux en volume (cf. le Chapitre V).

Pour chaque stade de la filière, les volumes des produits sont inscrits en ressources et également en emplois des agents concernés. L'équilibrage de ce tableau en fait un outil utile de vérification des données. Les calculs habituels de la comptabilité en volume s'appliquent alors. En particulier, on n'oubliera pas l'importance des stocks et de toutes les sortes de pertes qui apparaissent tout au long de la filière. Il s'agit en fait de présenter les différents comptes par agent et puis le compte consolidé de l'ensemble de la filière.

Il faut toutefois retenir que les grandes égalités classiques suivantes doivent être respectées.

Ressources = Produits fournis aux autres agents + autofournitures ± Stocks

=Production de l'agent – pertes (transport, stockage,...) ± Stocks

Emplois = Intrants provenant des autres agents + autofournitures ± Stocks

= Production des autres agents – pertes (transport, stockage) ± Stocks

Chapitre IV
L'approche Filière et les théories de Régulation et des conventions

L'approche filière telle qu'elle a été développée dans les deux derniers chapitres, nous amène à nous poser des questions sur la capacité des théories néoclassiques à appréhender les différents aspects de l'approche. Il est évident qu'en se cantonnant sur l'approche néoclassique nous ne pouvons pas argumenter certains aspects de la filière en nous appuyant sur des concepts théoriques auquel cas l'approche se réduirait à une gymnastique d'esprit sans fondement théorique et du coup sortirait du champ des sciences économiques ou des sciences tout court. Heureusement, tous les contours de la filière ont des fondements théoriques et qui vont parfois au-delà de ce que certains critiques croient. Avant de revenir sur sa démarcation de l'approche de l'économie néoclassique (objet du chapitre V), nous présenterons tout d'abord les différentes théories auxquelles elle fait recours dans sa démarche.

IV.1. Théorie de la régulation et des conventions

La théorie de la régulation est avec l'économie des conventions, l'une des deux principales approches hétérodoxes de l'économie en France. Elle s'est développée essentiellement dans les années 1970, curieusement pendant la période d'intense utilisation de la notion de filière, avec les travaux de Michel Aglietta, Bernard Billaudot, Tobert Boyer, Benjamen Coriat et Alain Lipietz. Selon Paul-R. Bélanger et Benoît Lévesque dans leur ouvrage sur « la théorie de régulation », cette théorie vise à remettre les rapports sociaux au centre de l'analyse économique et à renouveler ainsi l'économie politique. Pour caractériser les diverses phases du capitalisme et pour expliquer l'alternance de périodes de relative stabilité et de périodes de crise, l'approche de la régulation fait appel, entre autres, à la notion de ***mode de régulation***. Cette notion, qui est nouvelle dans les approches d'inspiration marxiste, désigne un ensemble cohérent de codifications des divers rapports sociaux (de formes structurelles telles que les institutions, les normes et la routine sociale) qui forment un système et assurent ainsi une certaine régularité à ces rapports dans une société donnée pour une période donnée. Les périodes de croissance relativement stables sont celles où les formes des rapports sociaux sont en compatibilité entre elles et avec un régime d'accumulation qui peut être extensif ou intensif (c'est-à-dire centré sur l'investissement dans les moyens de production ou dans les facteurs productifs). Les périodes de grande crise, de crise structurelle, seront celles où cette compatibilité n'existe plus.

On se rend compte que pour les régulationnistes les rapports sociaux entre les acteurs conditionnent l'activité économique de sorte qu'une grande crise, par exemple, est non seulement une crise économique mais aussi une crise politique et une crise culturelle, une crise des aspirations collectives et individuelles[1].

Les régulationnistes ont donc proposé un "ensemble hiérarchisé de notions intermédiaires" dont les plus importantes sont celles de ***"régime d'accumulation"***, de ***"mode de régulation"***, de "***forme institutionnelle***", de "rapport salarial", de "bloc social hégémonique", de "paradigme sociétal", dont la conjonction définit un modèle de développement (Tobert Boyer). Dans cette perspective, « le capitalisme devient une sorte de méta-système, plus large dans sa portée historique, plus malléable dans ses réalités concrètes » (Lipietz).

La théorie de régulation repose sur l'analyse de cinq formes institutionnelles caractéristiques d'une organisation sociale et toute forme de capitalisme est déterminée par ces différentes formes institutionnelles qu'il importe de rappeler :

➢ Forme de la concurrence, il s'agit ici du degré de concentration, de la formation du prix (quels sont déterminants du prix dans la filière) et la concurrence entre les salariés qui détermine en fait le salaire qui est payé aux personnels ;

➢ Forme de la monnaie, il s'agit surtout du rôle de la monnaie (même si elle est considérée comme neutre dans l'approche néoclassique), de la politique monétaire en vigueur et surtout du système de financement de l'économie ; est-ce que les banques sont

---

1 Cette situation nous pose le problème même de survenance des crises. S'il n'y a pas des situations conflictuelles entre les différents acteurs/agents économiques, il n'y aurait pas des crises économiques que nous observons le plus souvent ; et à Michel Aglietta d'enchérir « Il n'y a pas de crise si les transformations s'opèrent uniquement au niveau des structures sans que les gens interviennent »

au service de l'économie en la finançant [2] ? cet élément a toute son importance dans l'analyse de la filière quand on sait que le capital est souvent le facteur limitant dans le procès de production dans les pays en voie de développement ;

➢ Forme de l'Etat : l'Etat intervient-il dans l'économie en tant que producteur ou tout simplement régulateur et sur le plan social a-t-il un souci de renforcement des couches les plus défavorisées auquel cas son intervention dans la filière est une d'importance capitale quand il s'agit de la répartition de la richesse créée. Son intervention peut revêtir plusieurs formes : il peut s'agir une subvention aux stades de la filière où les acteurs semblent être lésés, il peut aussi s'agir d'un système de taxation différentielle selon le type d'acteurs etc....

➢ Forme du rapport salarial : il est question ici des déterminants du salaire et de l'emploi et aussi de l'organisation du travail au sein de l'économie. Quand il s'agit d'une filière, il est toujours utile de faire une analyse sur l'emploi. C'est le point le plus sensible de nos jours dans la plupart des économies capitalistes, surtout dans nos pays en voie de développement où le problème du chômage devient un « casse-tête chinois » pour tous les gouvernants.

➢ Forme d'insertion dans l'économie mondiale : quels sont les différents types de relations commerciales, monétaires et financières qu'entretiennent les acteurs de la filière analysée avec le reste du monde ? Il s'agira surtout des filières longues ou celles des produits d'insertion dans l'économie mondiale. Si on prend l'économie camerounaise, il est obligatoire de travailler sur ces aspects quand on a affaire aux produits comme l'haricot vert, le cacao, le café, le coton, la banane douce, le pétrole, les mines pour ne citer que ces produits-là.

L'ensemble des mécanismes qui permettent à ces cinq formes, a priori indépendantes, de former un système est appelé « mode de régulation » et l'histoire du capitalisme a vu plusieurs modes de régulation se succéder, il n'est pas superflu de les rappeler, surtout que l'analyse de filière est appréciée parfois suivant certaines de ces

2 Dans la plupart des pays francophone de l'Afrique, surtout de l'Afrique Centrale, on peut dire sans risque de se tromper que les banques conventionnelles ne sont pas véritablement au service de l'économie car il est extrêmement difficile aux entreprises d'avoir accès aux crédits pour financer leur production. Elles font recours, surtout pour les PME et PMI qui sont le moteur du développement dans ces pays, au système de micro-finances.

formes qui permettent de juger de l'efficacité de cette dernière qui en est plus souvent l'un des objectifs primordiaux de ces types d'analyses. Surtout quand il est question de parler de la croissance ou du mode d'accumulation. Il faut se dire que le mode de régulation et le régime d'accumulation sont intimement liés ; le deuxième succède au premier.

Ainsi, selon les régulationnistes, l'histoire a vécu quatre modes de régulation :

- Au mode de régulation à l'ancienne (*qui correspond, au plan politique, à des régimes plus ou moins absolutistes où l'économie est encore encastrée dans le social*) s'est substitué, lors de la Révolution Industrielle, un mode de régulation concurrentielle, où tout ajustement se fait sur la base du marché et de la concurrence. C'est le triomphe de la théorie de la concurrence dans l'approche néoclassique, où le prix est l'élément central de l'équilibre de l'économie ;
- Un mode de régulation hybride durant l'entre-deux-guerres, où le rôle des Etats dans toutes les économies a été essentiel, même si le marché était encore l'outil de base.
- Un mode de régulation fordiste ou monopoliste, durant les Trente Glorieuses (les 30années de l'extraordinaire 'embellie de l'économie française) : ce système repose notamment sur la transposition en hausse des salaires des gains de productivité très importants de la période[3].
- Un mode de régulation pas clairement défini depuis le début de la crise « contemporaine » ; la plupart des pays se cherche encore. Et c'est aussi le moment propice pour faire passer les idées de l'approche filière qui intègre quant à elle toutes les formes de mode de régulation pour une meilleure valorisation des ressources productives au sein des filières clairement définies qui devront jouer un rôle essentiel dans la relance de la croissance économique. Nous croyons fermement à cela, surtout en ce qui concerne nos pays africains (en voie de développement) se retrouvant actuellement dans une tourmente où

3 La politique du moment en France a véritablement répercuté le gain de productivité de l'économie aux salaires des personnels et c'est la raison pour laquelle les salaires en France ont souvent été considérés trop élevés par rapport à la moyenne des pays européens pendant très longtemps et a pénalisé certains industries qui ont fini par délocaliser dès lors que la mondialisation a donné cette possibilité aux entreprises.

l'issue dépend sérieusement de la capacité des différents secteurs « porteurs » de contribuer de manière essentielle à la croissance de l'économie et surtout par la voie de la planification à moyen et long termes (de 05 à 20 ans maximum, car au-delà il devient difficile pour indiquer le terme de la période en question).

Après avoir présenté les modes de régulation, il importe de dire un mot sur les régimes d'accumulation qui en fait sont des mécanismes qui permettent de poursuivre la croissance économique. On en distingue essentiellement deux :

➢ Le régime d'accumulation extensive, fondé sur l'accroissement du stock des facteurs de production et

➢ Le régime d'accumulation intensif, fondé sur d'importants gains de productivité.

Dans le cadre de l'analyse des filières, les deux options peuvent être envisagées en fonction des objectifs que se fixe le politique, en ce qui concerne la contribution de la filière en question. S'il est question de mieux valoriser les ressources productives, le régime intensif est préférable et auquel cas on fait appel aux flux de connaissances pour lever certains goulots d'étranglement. Cela passe nécessairement par les innovations techniques et technologiques qui auront pour conséquence, bien sûr, la réduction de l'utilisation de certains facteurs de production, par exemple la main d'œuvre. Cela peut poser des problèmes sociaux importants dans les pays où effectivement le politique cherche des voies et moyens pour employer le maximum de main d'œuvre dès qu'il y a une possibilité pour résorber le chômage (qui inquiète de plus les gouvernements). Dans la plupart des pays d'Afrique au sud du Sahara, actuellement, les jeunes sont totalement découragés par les perspectives sombres pour le marché de l'emploi. Il serait alors judicieux de favoriser les filières dont le régime d'accumulation serait extensif sauf à mettre en place une politique de répartition des gains de productivité tant au sein de la filière qu'à l'extérieur en procédant à un prélèvement conséquent pour financer d'auteurs secteurs porteurs.

Ces notions intermédiaires utilisées dans le but de donner la priorité aux rapports sociaux permettent de rendre compte aussi bien de "la diversité et même de la plasticité de la configuration des formes sociales et donc des spécificités historiques et nationales de la croissance et des crises selon des périodisations plus précises que celles proposées jusqu'ici. Elles ont également permis de mettre en évidence aussi bien la spécificité de la croissance de l'après-guerre (1945- 1975), période caractérisée par un régime d'accumulation intensif et un mode de régulation dit fordiste, que celle de la crise qui l'a suivie. Et sur la succession de mode de régulation et le régime d'accumulation, les régulationnistes ont fait une typologie des crises qui rend compte des différents désajustements produits de manière endogène comme conséquence de la configuration institutionnelle, conformément à un de ses objectifs initiaux qui était de comprendre la rupture observée à la fin des années soixante dans l'évolution des principaux agrégats économiques :

- Les crises exogènes sont le fait d'un événement extérieur au système ; elles peuvent être très perturbantes, mais ne mettent généralement pas en danger le mode de régulation, et encore moins le régime d'accumulation[4] ;
- Les crises endogènes : correspondant à la période de dépression du cycle économique ; elles sont l'expression même du mode de régulation, qui « purifie » le système par la crise[5] ;
- La crise du mode de régulation : incapable d'éviter une spirale dépressionniste, l'état et l'agencement des formes institutionnelles doivent être modifiés[6] ;
- La crise du régime d'accumulation : pouvant être entrainée par la non résolution d'une crise de mode de régulation, la crise du régime d'accumulation signifie qu'il est possible de poursuivre la croissance à long terme sans bouleversement majeur des formes institutionnelles[7] et enfin

---

4 Certains économistes, surtout ceux de l'école des anticipations rationnelles, pensent que toutes les crises sont exogènes.

5 Ces crises permettent en effet de résorber les différents déséquilibres qui se sont accumulés pendant la phase d'expansion, sans altération majeure des formes institutionnelles. Lorsqu'une crise endogène survient, les comportements pensent qu'il s'agit d'une crise grave alors que ces crises sont indissociables du fonctionnement du capitalisme.

6 L'exemple qu'on peut donner ici est celui de la crise de 1929 où le jeu de la concurrence n'a pas permis le retour de la phase d'expansion.

7 Là encore l'exemple de la crise de 1929 est bien indiqué ; la période trouble de l'entre-deux-guerres marque le passage d'un régime d'accumulation par une

• La crise du mode de développement qui est carrément l'effondrement du système de développement en cours ; on n'est pas loin de cette situation avec la crise actuelle, partie une crise financière bien connue qui a atteint l'économie réelle et pose la question fondamentale du système de développement actuel et du mode de régulation y associé.

Ainsi chaque société a les crises de sa structure et comme disait Ernest Labrousse, c'est par les crises que le capitalisme perdure et s'adapte. Il est une mise en mouvement de l'histoire à travers l'innovation technique et institutionnelle.

Comme nous l'avons indiqué plus haut, la théorie de régulation a permis d'introduire trois notions essentielles dans l'économie disons qu'elle a enrichi le vocabulaire économique avec les contenues bien évidemment pertinents. Il s'agit de *l'économie des institutions*, *l'économie des organisations* et *l'économie des conventions* qui sont intensément utilisées par l'approche filière.

IV.1.1 L'économie des institutions

Dans l'approche filière, les institutions jouent un rôle de premier ordre. L'économie des institutions, également appelée analyse économique des institutions, étudie comme son nom l'indique, les interactions entre le comportement des individus et les institutions qui font partie de leur environnement ou de leur contexte. Les institutions sont notamment censées diminuer les coûts des transactions. Nous parlerons assez succinctement de la théorie des coûts de transactions dans la partie sur l'économie des organisations.

Il est utile de signaler que l'analyse économique des institutions a pris naissance au sein de l'Université de Chicago au début des années 60, donc très récemment. Elle s'est développée à partir de l'interprétation que l'on peut donner à la définition de la science économique. La définition habituellement donnée en France est, il faut

---

production de masse sans consommation de masse à un régime incorporant tout à la fois : production et consommation de masse. Pendant cette crise, bien que les gains de productivité aux Etats-Unis ont été de l'ordre de 43% entre 1919 et 1929, les salaires n'ont subi aucune augmentation ; cette déformation de la répartition du grain ou disons de la valeur ajoutée créée au profit du capital ne pouvait conduire qu'à une crise de surproduction. C'est ce qui s'était passé dans ce pays pendant cette crise.

le dire, plus restrictive. L'économie ne s'applique pas uniquement et exclusivement au domaine marchand. Une définition plus élargie intègre les institutions, les comportements des hommes, les marchés politiques. Dès lors que la définition intègre ces différents aspects, nous sommes en plein dans l'approche filière qui, rappelons le, utilise aussi bien des réseaux marchands, les relations entre acteurs, les formes de coordination entre eux et le rôle central des institutions dans la plupart des filières des pays qu'on qualifie d'en voie de développement et même ceux dits développés où les interprofessions ou des centrales d'achats, dans la grande distribution jouent un rôle de taille. Et depuis la « nouvelle crise » toutes les filières au monde se trouvent orientées par les institutions dans leur croissance éventuelle, les unes plus sensibles qu'aux autres du fait de leurs relations plus ou moins fortes avec les Etats ou autres types d'institutions.

Après les institutions, la deuxième catégorie des éléments qui oriente les filières est constituée des organisations.

IV.1.2. L'économie des organisations

Il faut noter que la contribution essentielle à **l'Approche Filière** est apportée par l'économie des organisations qui est une branche de l'économie qui étudie l'ensemble des structurations institutionnelles dans la logique de mise en œuvre de la production et de l'échange des biens et services dans une économie. Il faut dire que l'économie des organisations s'intègre dans la notion plus large de la théorie des organisations.

Cette théorie propose une rupture avec l'approche néoclassique mais nous reviendrons sur cela dans le chapitre suivant consacré uniquement à la remise en cause de cette approche dans le cadre de l'analyse des filières.

A partir de cette rupture, les économistes de ladite école, disons les régulationnistes, regroupent les théories des organisations en trois catégories essentielles : les approches ***contractualistes***, les approches ***cognitives*** et les approches ***politiques*** que nous jugeons utiles de présenter pour une meilleure compréhension de leurs contributions respectives.

1. Les approches contractualistes

Les approches contractualistes renvoient à la branche néoclassique de la nouvelle économie institutionnelle ; l'entreprise y est conçue comme un « nœud de contrats » à partir desquels est organisée la production. Nous sommes en plein dans la logique productive dans une filière. Ces approches se basent essentiellement sur deux théories que les économistes connaissent bien pour mettre l'accent sur leurs contributions.

La théorie des coûts de transaction

C'est l'article de **Ronald Coase** sur « the Nature of the Firm » publié en 1937 qui donne naissance au concept de coût de transaction, concept qui est au centre des approches contractualistes des organisations[8]. Dans son article, R. Coase avait identifié les raisons pour lesquelles il existe, à côté du marché, des modes alternatifs de coordination des activités et des agents économiques qui sont des organisations et plus spécifiquement l'entreprise. Pour lui, le recours à la coordination marchande (à travers le prix) entraîne des coûts de trois sortes : « coûts de recherche et d'information », ce sont par exemple les coûts liés à la découverte des prix adéquats, « coûts de négociation et de décision », ceux liés par exemple à la négociation et à la conclusion des contrats, « coûts de surveillance et d'exécution », sont ceux liés à la surveillance des prestataires. C'est l'ensemble de ces coûts qui constitue ce qui est convenu d'appeler les coûts de transaction. R. Coase affirme que les agents économiques préféreront recourir à un mode de coordination alternatif, fondé sur la hiérarchie et non sur le système de prix[9]. Il faut se rendre compte ici que « marché » et « hiérarchie » sont conçus comme les deux formes alternatives de coordination.

---

8 Plusieurs économistes ont intégré ces coûts dans la détermination des différents coûts des produits dans les marchés de réalisation. Ces coûts jouent un rôle essentiel dans l'internalisation des externalités négatives des activités économiques sur l'environnement (économie de l'environnement).

9 Dans l'analyse des filières s'insérant dans le système international, il est beaucoup plus question de repérer ces types de contrats et de coordinations que du prix du marché.

Cette approche de Coase a véritablement pris son envol dans les années 70 et 80 avec les travaux d'**Olier Williamson** dans son article sur « *Markets and hierarchies* » publié en 1975.

Ce faisant, les agents économiques concluent entre eux des transactions. Trois facteurs essentiels les différencient : *la spécificité des actifs échangés*, *l'incertitude* et la *fréquence*. Un actif (matériel ou humain) est dit spécifique quand une transaction requiert un investissement durable et que celui-ci est peu, voire pas du tout redéployable sur une autre transaction. Dans ce cas, l'agent qui engage l'actif dans une transaction se retrouve dans une situation de dépendance vis à vis de l'autre partie. Ce lien de dépendance durable qui se crée rend la transaction marchande typique inadaptée car une série de problèmes se pose (contrôle du respect des engagements, définition des règles de partage des résultats de la coopération etc.). L'incertitude, combinée à la rationalité limitée des agents et à leur opportunisme, induit la probabilité plus ou moins importante de survenance d'aléas liés aux transactions. Plus l'incertitude est importante, plus la structure institutionnelle sous-tendant l'échange doit être en mesure de répondre efficacement à ces aléas. Enfin, la fréquence d'une transaction est fonction croissante de la spécificité des actifs engagés ; plus un actif est spécifique, plus les parties engagées sont susceptibles d'être amenées à agir conjointement.

Dans le cadre des filières de production dont l'intégration est poussée, les problèmes de dominance apparaissent de manière certaine à travers les interprofessions et l'institution ayant le principal rôle dans l'orientation de la filière. Si nous prenons le cas la filière coton au Cameroun, il s'agira du cas de la structure d'encadrement (Sodecoton) et aussi l'organisation des producteurs qui a été mise en place par elle donc redevable à son endroit. C'est un cas typique de la démonstration de l'influence des transactions dans la détermination des revenus liés à l'activité productive.

Dans le cadre de la théorie des coûts de transaction, l'idée centrale est que l'arrangement institutionnel choisi sera celui qui minimisera les coûts de transaction plus les coûts de production.

A partir de ces idées on peut tenter d'esquisser une typologie des différentes formes d'arrangements institutionnels envisageables suivant le degré de spécificité des actifs, l'incertitude et la fréquence des transactions. A un niveau d'incertitude donné, Williamson montre ainsi que plus la spécificité et la fréquence sont importantes, plus l'arrangement institutionnel adopté tendra vers une intégration verticale des activités et donc vers un mode de coordination administratif.

Il faut noter que dans les récents travaux, Williamson aborde les entreprises comme un nœud de contrats où employés et employeurs sont appréhendés comme des fournisseurs des clients. Et dans l'approche filière c'est effectivement cette tendance qui est privilégiée. Les agents de la filière entretiennent des relations profondes aux différents stades de procès de production ou nœud de production, ces relations intègrent très souvent les cadres contractuels surtout dans les filières où les différents nœuds ou stades se spécialisent.

Théories de l'agence et des droits de propriété

Ces théories ont été développées par **Michael Jensen** et **William Meckling** d'une part et **Armen Alchian** et **Halold Demsetz** d'autre part. Elles constituent des applications directes du cadre analytique néoclassique aux situations où se manifestent des asymétries d'informations entre les agents. Ces derniers sont supposés rationnels et « maximisateurs » mais l'abandon de l'hypothèse d'information parfaite est à l'origine de l'émergence de problèmes de coordination et d'incitation. L'entreprise apparaît alors comme un arrangement institutionnel susceptible d'y répondre.

La théorie des droits de propriété part du postulat que tout échange entre agents correspond en fait à un échange de droits de propriété sur des objets (le droit d'utilisation, d'en tirer un revenu, de le céder à un tiers). Les coûts organisationnels étant alors fonction de la nature de ces droits et en particulier du niveau d'exclusivité, d'utilisation et de « transférabilité ». La fonction des droits de propriété est aussi d'internaliser les externalités et de fournir ainsi aux individus des incitations à créer et à valoriser des actifs. La définition des droits de propriété doit permettre de parvenir à une situation d'allocation optimale des ressources (voir Théorème de Coase). L'organisation, et plus spécifiquement l'entreprise capitaliste (ou firme), est alors vue comme une structure spécifique de droits de propriété devant permettre la mise en œuvre d'incitations et de procédures de contrôle efficaces et efficientes. La plupart des travaux s'inscrivant dans ce cadre d'analyse débouchent sur la conclusion que la firme capitaliste, et plus spécifiquement la société par actions, a émergé du fait de la supériorité du système de droits de propriété privés sur toutes les autres formes d'organisation de la production, à commencer par l'entreprise publique. **Adolphe Berle** et **Gardiner Means** soutiennent de plus l'idée que seul le manager a les compétences pour rendre l'organisation efficace par rapport à l'actionnaire. Le contrôle de l'actionnaire et du chiffre d'affaires devient indispensable à l'organisation dans le cadre néanmoins d'une certaine concurrence entre dirigeants.

La théorie de l'agence s'inscrit dans le prolongement direct de la théorie des droits de propriété. La relation d'agence est définie comme un contrat pour lequel une personne (ou plusieurs personnes), appelée le principal, engage une autre personne (l'agent) pour exécuter en son nom une tâche quelconque qui implique une délégation d'un certain pouvoir de décision à l'agent. L'entreprise est définie comme un nœud de contrat spécifiquc passé entre les détenteurs des facteurs de production (le capital et le travail par exemple) et leurs « clients ». L'entreprise est ici appréhendée comme une forme d'organisation visant à minimiser les coûts d'agence liés à l'asymétrie d'information. Il s'agit en fait de trouver la structure de contrat devant permettre de mettre en place les incitations adéquates et de réaliser la coordination des agents en définissant un partage optimal entre les agents des risques et des bénéfices. Comme pour la théorie des droits de propriété, la théorie de l'agence tend à montrer que c'est la configuration contractuelle la plus efficiente qui s'impose.

2. Approches cognitives

On peut regrouper sous ce vocable « cognitive » la théorie des compétences développée par Edith Penrose et George Richardon et les approches évolutionnistes.

Théorie des compétences

La firme ou l'entreprise est définie comme un ensemble de ressources productives organisées dans un cadre administré. C'est tout à fait la définition que nous avions donnée à nos différentes entreprises dans l'approche filière.

La fonction de la firme est d'acquérir et d'organiser, par le biais de plan, ses ressources (matérielles, immatérielles, humaines) dans le but de vendre avec profit, sur le marché, des biens et des services. Dans cette optique, la firme va être amenée à combiner de différentes manières l'ensemble de ses ressources. Or, du fait du caractère indivisible de certaines ressources, l'entreprise va le plus souvent disposer d'un excès de ressources. A cet excès, s'ajoute le fait que la firme accumule progressivement de l'expérience et améliore son processus productif. Ce sont ces deux facteurs (excès de ressources et accumulation d'expérience) qui permettent à l'entreprise de croître.

L'entreprise va faire ainsi usage des ressources en excès pour procéder à une diversification cohérente. Cet usage est fonction de trois éléments :

- les opportunités externes qui émanent de l'environnement;
- l'image que les équipes managériales se forgent de son environnement externe;
- des ressources internes de l'entreprise.

Les activités économiques correspondent chacune à une étape du procès de production d'un bien ou d'un service. Elles forment un ensemble caractérisant les différentes industries. Ces activités sont mises en œuvre au sein d'organisations qui s'appuient sur des compétences appropriées. Par ailleurs, les activités se distinguent par deux caractères : la similarité (si les compétences sont adaptées car semblables) et la complémentarité (si les compétences sont adaptées car requises à une production spécifique). Dès lors, Richardson postule que la diversification d'une entreprise ne sera pas fonction du profit potentiel qu'elle pourra en tirer, mais des compétences à mobiliser[10]. Il est primordial à ce niveau précis de considérer que la l'approche filière est mieux que toute autre approche adaptée à cette théorie.

---

10 C'est la caractéristique typique de l'approche filière. L'intérêt d'utiliser cette approche (filière) mieux que d'autres réside dans sa capacité à apprécier très rapidement la création de la richesse qui est la base de toute croissance économique et aussi cette possibilité de repérer la répartition de cette richesse créée.

En approfondissant cette analyse, George Richardson analyse les cas de *coopération* entre les firmes comme alternatives au *marché.*

Ainsi, il établit que les entreprises coopéreront quand les besoins de coordination seront étroits, l'étroitesse étant forte quand ces besoins sont qualitatifs, non « anticipables » et que les innovations introduites par les entreprises sont systémiques. C'est le cas si les activités sont peu complémentaires. De nos jours, cette nécessité d'associer de plus des compétences très diverses et pointues (activités non similaires et peu complémentaires), réparties souvent dans le monde entier, alliée aux possibilités qu'apportent les moyens de communication actuels pour l'échange de données en temps réel et le travail en réseau, aboutit à la notion d'entreprise étendue. C'est en filigrane **l'Approche filière** qui y est représentée ici. Il devient en réalité très difficile d'étudier les entreprises prises individuellement surtout quand il s'agit des produits qui sont pour la plupart des matières premières pour une série d'entreprises avant d'arriver avec un produit fini au marché de réalisation.

La théorie évolutionniste

L'approche évolutionniste peut aussi être classée dans les approches cognitives de l'organisation. En effet, l'idée que l'entreprise dispose de routines (compétences des individus, "skills") pouvant se transmettre comme des gênes créant ainsi l'organisation par sélection naturelle, est de l'ordre du savoir. C'est le savoir de l'organisation qui est l'étalon de mesure de la transformation de l'organisation. La firme est envisagée comme étant constituée d'individus distincts et dotés de caractéristiques cognitives qui leurs sont propres (individualisme méthodologique). Dans cette optique, la notion de routine se voit accordée une importance fondamentale : les comportements individuels sont guidés et coordonnés par des routines que les agents ont acquises au cours de leurs interactions. Les décisions sont pour cette approche de l'ordre de la rationalité procédurale et du «satisficing» : suivant l'analyse d'Herbert Simon[11]. Les approches évolutionnistes postulent que les agents sont dotés d'une rationalité procédurale qui indique qu'ils ne cherchent pas nécessairement les

---

11 Simon H. A. « Rational decision Making in Business Organizations », *American Economic Review*, n°4 1979

choix optimaux. La question centrale qui est posée est celle de la cohérence de l'entreprise et, en prolongement, les logiques d'évolutions et de transformations des différentes firmes.

Selon la théorie évolutionniste, les firmes se différencient par les routines individuelles et organisationnelles qui constituent leur patrimoine. Ces routines sont le fruit d'un processus d'apprentissage induit par la répétition des tâches et l'expérimentation. Cet apprentissage, qui se traduit par une amélioration des processus productifs et par la découverte de nouveaux modes opératoires, est de nature cumulatif. Il se matérialise par des routines organisationnelles tacites et difficilement transférables, seules une partie d'entre elles pouvant être codifiées. Les routines (représentant une part du capital immatériel de l'organisation : les compétences des individus) sont un premier facteur explicatif de l'organisation (des actifs spécifiques). Ces routines tacites sont fonction du système d'information, de la circulation d'information, du processus de décision et de l'organisation du travail. Les routines sont sensibles aux conflits. Il est primordial pour l'équipe qui conduit **une analyse de filière** pour un produit donné de tenir compte de ces routines dans les différents stades de transformation. Routines qui donnent finalement un avantage comparatif au niveau particulier où elles se retrouvent. Il est d'une nécessité absolue de pouvoir les repérer.

L'évolution de la firme se fait le long d'un sentier déterminé par la nature des actifs spécifiques mobilisés. Notamment, la trajectoire suivie par les firmes est essentiellement fonction des actifs secondaires, c'est-à-dire les actifs ne rentrant pas de manière prioritaire dans l'activité principale de l'entreprise. Ce sont les opportunités technologiques, qui apparaissent le plus souvent de manière aléatoire, qui expliquent les bifurcations dans ces trajectoires. Le sentier d'évolution est donc fonction d'un processus d'hérédité (les routines qui sont reproduites dans la firme) et d'un processus de variation (changement dans les routines induit par les actifs secondaires et les opportunités technologiques). L'innovation est considérée comme une mutation. Cette mutation est générée par la transmission des routines. Les routines peuvent provenir de la relation qu'entretient l'organisation avec l'environnement.

Les firmes subissent un processus de sélection exercé par leur environnement : les firmes les moins adaptées à la caractéristique d'un environnement donné sont amenées à disparaitre. La sélection naturelle des organisations ne tend pas automatiquement vers l'optimisation de celle-ci. L'hérédité et les mutations des routines confrontées à l'environnement réalisent la sélection naturelle des organisations. Au final, les approches évolutionnistes expliquent les trajectoires d'évolution suivies par les différentes firmes par l'ensemble des compétences technologiques, des actifs complémentaires et des routines que chacune d'entre elles développent. A ce titre, la notion de « dépendance du sentier » est essentielle : du fait du caractère cumulatif de l'apprentissage, une variation infime dans le contenu des routines ou des compétences de deux firmes peut engendrer des évolutions de ces dernières radicalement différentes.

3. Les approches politiques

Les approches politiques de l'entreprise ont pour caractéristique majeure de souligner la dimension institutionnelle de l'entreprise, plus que son aspect organisationnel. A ce titre, l'entreprise est d'abord vue comme lieu de production de règles et de normes permettant la régulation des comportements. Deux courants français hétérodoxes, l'école de la régulation et l'économie des conventions développent particulièrement cette perspective comme nous l'avions indiqué dès le début de ce chapitre. Cette approche revient à se concentrer sur les deux théories liées dont nous avons développés les différents fondements au sein desquels les rapports sociaux constituent le noyau central autour duquel plusieurs notions se sont greffées pour expliquer les limites des marchés ou des prix d'orienter exclusivement l'économie globale ; peu importe, le niveau de développement de l'économie considérée. Après ce long développement de la théorie de régulation qui en fait prend en compte dans son argumentaire l'essentiel des fondements de la théorie des conventions, nous présenterons brièvement ce qui est convenu d'appelé l'alter égo de la régulation : l'économie ou théorie des conventions.

IV. 2. L'économie des conventions

L'économie des conventions est un courant hétérodoxe français apparu dans les années 1980. A l'inverse de la théorie de la régulation, la perspective conventionnaliste est d'ordre microéconomique et reste attachée à l'individualisme méthodologique.

L'analyse conventionnaliste des organisations combine en fait les approches politiques et cognitivistes. A l'instar de la théorie de la régulation, l'économie des conventions ou la théorie des conventions comme préfèrent les promoteurs, part de la prémisse que le marché, loin d'être universel, n'est qu'une institution, c'est-à-dire une construction sociale (« convention constitutive ») parmi d'autres. En s'appuyant sur le modèle des économies de la grandeur, l'Economie des Conventions repère plusieurs logiques à l'œuvre au sein de la société. La notion de convention occupe une place centrale dans cette perspective, puisque c'est par l'élaboration de convention que les individus parviennent à se coordonner. Les économies de la grandeur analysent les organisations en termes de conventions et d'accords. Il s'agit d'une approche interdisciplinaire. L'économie des conventions qui sert de base au modèle des économies de la grandeur, part de l'idée que pour qu'il y ait échange, coordination, coopération entre des agents, il faut qu'il y ait des conventions entre les personnes concernées, c'est-à-dire un système d'attentes réciproques entre les personnes sur leurs comportements. Ces conventions peuvent être écrites ou non. Dès lors, les acteurs sont insérés dans des situations à la fois conflictuelles et coopératives, et on doit dépasser le clivage entre économie et sociologie. Le modèle des économies de la grandeur éclaire la problématique de la coordination en entreprise. Il permet de répondre en partie à des questions que les modèles classiques, axés sur les stratégies, les phénomènes de pouvoir, les phénomènes de régulation et les phénomènes identitaires, laissent de côté. Parmi les logiques majeures à l'œuvre dans la société, l'Economie des Conventions souligne notamment l'importance des logiques marchandes et industrielles. Ces deux logiques prennent notamment forme au travers de deux grands types d'entreprise :

- L'entreprise marchande : s'appuie sur la logique marchande qui fait du prix le critère de jugement de la qualité ;

- L'entreprise fordiste : matérialise les principes de la logique industrielle. L'entreprise fordiste est fondée sur la standardisation des produits et sur une organisation scientifique de la production.

Une troisième logique, la logique domestique, est un autre ordre essentiel engendrant une forme spécifique d'organisation. Ainsi, l'entreprise « domestique » s'appuie sur la production d'un produit de qualité traditionnelle, s'adressant à une clientèle spécialisée et réalisée à partir d'un travail artisanal. Une quatrième et dernière logique, ou convention, occupe une place importante : la convention de réseau. C'est sur cette logique que l'organisation productive qui va avec s'est appuyée.

Ces principaux principes sont les suivants (François Eymard-Duvernay, 2005) :

- diversification des produits,
- gestion en juste à temps,
- polyvalence et
- nouvelle forme de coordination entre entreprise (le réseau).

On comprend ainsi que l'analyse conventionnaliste se démarque des approches « contractualistes ». Chez ces dernières, la forme organisationnelle adoptée répond à un souci d'efficacité économique (par exemple, minimiser les coûts de transaction), cette efficacité étant évaluée à partir d'un référent unique (la logique marchande). A l'inverse, selon l'économie des conventions, la forme organisationnelle adoptée est fonction d'un arbitrage portant sur les différentes conceptions du bien commun, c'est-à-dire des valeurs à partir desquels l'entreprise souhaite être jugée. Enfin, la grille conventionnaliste débouche également sur des analyses relevant davantage de la sociologie des organisations: à chaque convention/logique (marchande, domestique, industrielle et de réseau), correspond en effet une convention de travail à partir de laquelle les travailleurs se coordonnent.

Voilà succinctement présentées les deux théories qui mettent en exergue la faiblesse de l'approche néoclassique qui se limite essentiellement sur le marché pour expliquer le développement de l'économie. Cependant les deux théories ainsi présentées ne sont, par ailleurs, pas suffisantes pour appréhender les logiques de développement des entreprises. Certains chercheurs pensent, et avec raison que les rapports salariaux seuls ne suffisent pas à impulser une dynamique nécessaire aux entreprises. Ainsi les sociologues, en l'occurrence Paul R. Bélanger et Benoît Lévesque dans leur article paru dans la revue « *cahiers de recherche sociologique* » pensent que l'approche régulationniste en faisant du rapport salarial le point central de ses fondements limitent son champ explicatif en disant : « *s'il y a un domaine où l'approche de la régulation pourrait être enrichie par la sociologie, c'est bien celui des rapports sociaux. De ce point de vue, il faut reconnaître que l'approche de la régulation, en limitant ses recherches aux rapports de travail et en faisant du rapport salarial la notion centrale, est en quelque sorte handicapée non seulement pour étudier le changement social mais également pour étudier le travail et même les entreprises* ».

Il faut comprendre qu'il s'agit ici beaucoup plus d'un enrichissent que d'une critique. En effet ils pensent qu'en intégrant les rapports de consommation, l'approche de la régulation compléterait son argumentaire pour les éléments de croissance économique. C'est pourquoi, nous pensons qu'il est utile pour ceux qui s'engagent dans l'approche filière, qui fondamentalement intègre les déterminants autres que les seuls marchés et prix dans la création de la richesse, d'avoir toutes les possibilités à explorer pour mieux s'outiller. C'est dans cette logique que nous allons présenter assez rapidement cet élément complémentaire qu'est les rapports de consommation.

IV.3. Les rapports de consommation

Les régulationnistes ont donné une telle amplitude au rapport salarial que celui-ci inclut non seulement les rapports de travail mais également les conditions de reproduction de la force de travail. Si cet élargissement correspond bien aux transformations du rapport salarial au cours des dernières décennies, il n'en demeure pas moins que ce rapport n'est pas le seul à influer sur la production et la reproduction de la société. De plus, en subordonnant tous les autres rapports sociaux au rapport salarial, les régulationnistes ont été, selon Bélanger et Lévesque, fortement « critiqués » et même accusés d' « économisme ».

Après ce rappel sur l'insuffisance du rapport salarial dans la production des compromis sociaux, il est utile d'indiquer la nécessité de tenir compte d'un autre rapport social dans l'explication de la forme même des institutions; les auteurs s'appuient sur l'étude des services collectifs puis des entreprises.

IV.3.1. Insuffisance du rapport salarial dans la régulation étatique

S'il est certain que les syndicats (principalement dans les pays où la négociation patronale-syndicale est centralisée) ont contribué largement à déterminer la configuration des sociétés, il n'en demeure pas moins que d'autres rapports sociaux ont été à l'œuvre et notamment le rapport entre citoyens et État. Les régulationnistes ont fait abstraction de ce phénomène o ! Combien essentiel ;

Ils se sont attachés, selon Lipietz, « *tout particulièrement à l'étude du rapport salarial, quitte à le laisser absorber tous les autres (soit qu'ils aient pensé que c'était le cas dans la réalité, soit qu'ils aient pensé que ce rapport était à ce point dominant que toutes les autres formes sociales pouvaient être conçues comme des perturbations* ».

Les régulationnistes ont bien identifié les structures sociales propres au fordisme, cependant leur explication de l'origine des crises et des forces et processus qui créent les structures reste largement sous-développée comme l'a déjà souligné Alain Noël. Ainsi, les structures sociales sont le plus souvent présentées comme des trouvailles historiques, résultat de luttes sociales et politiques, certes, mais résultat complètement indéterminé et imprévisible.

« En insistant comme ils le font sur la notion de "trouvailles" et en évitant de formaliser leurs analyses politiques, les régulationnistes risquent d'accorder une part si grande à l'absence de détermination que toute structure deviendrait le fruit d'une évolution politique hasardeuse », écrit A. Noël en reprenant l'expression d'Alain Lipietz, alors que l'économie aurait « l'apparence contraire d'un système de lois endogènes déterminées ». Au lieu de s'en remettre au hasard politique ou encore à la nécessité économique, il sied de rappeler que la crise économique elle-même est un produit social et que la crise du travail occupe une place importante dans la crise du fordisme.

Même si l'analyse des processus sociaux de production des structures sociales a été jusqu'ici peu élaborée, même si ces structures sociales sont présentées comme des trouvailles, il n'en reste pas moins que certaines d'entre elles se stabilisent pour assurer la régulation.

Cependant si la sélection ne s'opère que selon le critère de la compatibilité ou de la cohérence avec le régime d'accumulation, il y a un risque manifeste de ne considérer certaines institutions que sous l'angle de leurs effets économiques. De ce point de vue, l'État des régulationnistes, comme l'ont relevé Gilles Breton et Carol Levasseur, est un « État du travail »: « tout part du salariat et du rapport salarial et y revient par un processus de boucle » de sorte que la fonction de l' Etat est réduite à l'intégration « statutaire des salariés à l'ordre de la consommation de masse ». Cherchant à rendre compte de la spécificité du politique, ces derniers ont identifié divers rapports autres que le rapport salarial et par la suite des acteurs spécifiques au champ politique. À côté de la régulation du rapport salarial, ils posent ainsi une régulation dite anthroponomique qui concerne pour Ibidem « les processus de production et de reproduction des êtres humains en tant que vivants et non plus en tant qu'agents économiques et travailleurs » selon Ibidem.

D'autres contributions de politicologues allant dans le même sens ont nourri l'analyse des processus sociaux. Ainsi Jane Jenson dans sa recherche sur la spécificité du cas canadien montre bien que les rapports de classes (au sens étroit) ne sont pas les seuls "organisateurs" des formes structurelles et que les rapports entre centre et régions ou d'oppression nationale doivent être mis à profit pour caractériser la forme qu'a prise le fordisme au Canada. Gilles Breton et Jane Jenson montrent également, très bien, comment se constituent de nouveaux espaces collectifs et par le fait même de l'arrivée de nouveaux acteurs collectifs que sont les nouveaux mouvements sociaux et notamment les groupes écologiques, les communautés de base, les minorités, les autochtones, les groupes de femmes, etc.

Dans les pays en développement ces types de groupes sont de plus en plus nombreux dans le procès de production qui aboutit à la mise sur le marché d'un produit donné.

Dans la même logique, on pourrait faire appel aux problématiques des nouveaux mouvements sociaux pour appuyer l'idée de l'émergence de nouveaux acteurs collectifs dans les sociétés contemporaines et l'importance de leur action dans la production de ces sociétés elles-mêmes et de leurs institutions. Alain Touraine a quant lui souligné que la dynamique des rapports sociaux repose de plus en plus sur l'opposition entre les grands appareils (ou agences) technocratiques, d'une part, et les usagers-consommateurs-sujets, d'autre part. Les questions centrales sont alors celles du modèle culturel de développement, de l'autonomie des populations et de leurs modes de vie, idée à laquelle Alain Lipietz semble souscrire bien timidement à propos de l'importance de l'écologie dans l'élaboration d'un nouveau paradigme sociétal. Toujours dans le même sens, Claus Offe oppose l'ancien paradigme mettant en relation propriétaires capitalistes et syndicalisme autour de l'enjeu de la redistribution au nouveau paradigme constitué dorénavant de trois acteurs (patronat, syndicats, mouvements sociaux) et d'enjeux non négociables tels la survie de l'humanité, l'égalité, la démocratie, l'identité, l'autonomie.

IV.3.2. Rapport de consommation et providentialisme

En ce qui concerne les services collectifs, il faut d'abord reconnaître que l'État doit être pensé non seulement comme un simple « redistributeur » de revenus par des transferts aux citoyens ou des services gratuits, ni seulement comme opérateur central des divers compromis institutionnalisés (par exemple, la convention collective), mais aussi comme appareil ou institution gestionnaire de services aux populations sur un mode non marchand ou même marchand dans certaines économies. Les agences centrales de gestion de services instituent ainsi un rapport à des populations consommatrices susceptibles de devenir des acteurs sociaux. La consommation constitue donc un rapport social entre appareil gestionnaire et usagers (rapport distinct du rapport salarial qui par ailleurs caractérise cet appareil), ce rapport a été dénommé par les auteurs « *mode de consommation* » ou « *rapport de consommation* ».

L'analyse de la forme institutionnelle de ce système pose tout d'abord le problème des forces sociales qui l'ont constituée: le mouvement ouvrier représentant les travailleurs de la santé et parlant aussi au nom des usagers, de même que le mouvement étudiant, le mouvement des femmes, le mouvement des comités de citoyens, le mouvement de la société civile, le mouvement des ONGs écologistes, bref divers mouvements sociaux, groupes d'intérêt et partis politiques. Ceci permet de caractériser sa forme, qui a pris les traits suivants: au plan des rapports de travail, une forme qu'on pourrait qualifier de fordiste; au plan des rapports de consommation, le système de santé, dans les pays développés (surtout en France) se caractérise par l'universalité et la gratuité des soins en échange d'une gestion étatique centralisée, c'est-à-dire un compromis où les appareils technocratiques définissent les besoins et la consommation en échange d'un accès universel et gratuit. Donc un mode de consommation passif où les individus-usagers n'ont aucun droit de regard sur leurs propres soins de santé. Ce rapport de consommation, peut être qualifié de providentialiste. Le *providentialisme, selon Paul Bélanger et Benoît Lévesque,* comme volet de la forme institutionnelle est autonome et distinct du volet salarial en ce sens que ce dernier rend compte du *niveau* de consommation ou mieux de la progression des salaires des employés mais ne peut expliquer *la formation des normes de consommation des usagers* du système. Ces normes de consommation consacrent l'emprise du modèle biomédical sur le malade et donc d'un mode particulier de gestion de la santé. Par ailleurs, il convient de remarquer la cohérence et la complémentarité des deux rapports sur le mode de l'exclusion, de l'absence de participation.

Cette conceptualisation du système est essentielle à la compréhension de la crise de la gestion étatique, centralisée et technocratique des services publics dans les années 1970 dans les pays à économies avancées. Car à côté de la crise des rapports de travail dans les services publics, les citoyens remettent en cause le type de consommation et de rapports aux usagers.

Au premier chef et de manière exemplaire, le mouvement des femmes refuse le contrôle des corps par les médecins et conteste le caractère passif, type de consommation de masse, du système de soins de santé. Dans cette foulée, l'usager-consommateur fait irruption comme sujet et une multitude de groupes communautaires émergent aussi bien comme distributeurs de services, expérimentateurs d'alternatives organisationnelles et thérapeutiques que comme base de mouvements de protestation ou de défense de droits. Ces nouveaux mouvements sociaux se multiplient d'ailleurs dans tous les secteurs d'intervention de l'État: habitation, services sociaux, école, santé, communication, culture, aménagement du territoire, etc.

Dans le secteur santé, ce sont ces mouvements qui permettent d'expliquer l'émergence de nouvelles formes institutionnelles tels les Centres locaux de services communautaires (CLSC) dont les rapports de travail et les rapports de consommation sont tout autres. Ils ont de plus réussi à imposer leur présence comme acteurs dans les mécanismes de prise de décision. En d'autres termes, le rapport salarial ne peut à lui seul rendre compte des dimensions institutionnelle et organisationnelle des services de santé.

En somme, les formes institutionnelles sont bien des compromis résultant des rapports sociaux, mais ceux-ci sont de deux types: entre classes, et plus spécifiquement entre patronat et syndicat, c'est ce que les régulationnistes appellent le rapport salarial, et aussi entre appareil de production et usagers-consommateurs (c'est-à-dire les mouvements sociaux), c'est ce que les auteurs appellent ici « le rapport de consommation ». Ce double rapport est présent non seulement dans les services collectifs étatiques mais également dans toutes les entreprises productrices de biens et de services, d'une façon plus ou moins déterminante et plus ou moins directe. Elles sont nettement visibles et repérables au sein des filières de production.

IV.3.3. Rapport de Consommation et entreprises

Il est bien certain que les usagers-consommateurs ne sont pas physiquement présents dans les entreprises productrices de biens et de services comme le sont les malades dans un hôpital ou encore un comité de parents dans une école. On ne peut pas dire pour autant que, dans les entreprises, les usagers-consommateurs n'interviennent que par la médiation des travailleurs ou de leurs organisations, les syndicats. Comme l'écrit Philippe Lorino, « les consommateurs, les habitants des communes d'implantation, les salariés des fournisseurs, des distributeurs, des sous-traitants sont, de manière évidente, parties prenantes aux politiques d'entreprise ». Dans cette visée, le rapport salarial est à lui seul insuffisant pour rendre compte de l'organisation du travail non seulement dans les services collectifs mais aussi dans les entreprises et l'économie en général.

Les consommateurs utilisent le plus souvent le marché pour faire connaître leurs préférences en particulier lorsque le rapport de consommation se caractérise par la dépendance et la passivité. Ainsi comme l'ont fait remarquer Piore et Sabel, les changements des habitudes de consommation ont entraîné la remise en question de la production de masse dans grand nombre de pays. Mais ce rapport peut s'activer, les consommateurs individuels peuvent se transformer en groupes sociaux, en mouvements sociaux pour imposer aux entreprises des changements technologiques, organisationnels ou institutionnels. Comme nous l'avions signalé plus loin ce sont les désidératas des consommateurs placés tout au bout de la chaîne qui déterminent en réalité l'orientation du procès de production. Ce faisant ils déterminent le flux des connaissances nécessaires pour obtenir le produit désiré. Ils se retrouvent être, sur le plan économique, les véritables signaux du marché dont doivent tenir compte les entreprises. Il en est ainsi des normes de protection de l'environnement, de la non discrimination en emploi, de l'équité salariale. Il peut arriver que les associations de défense des consommateurs aient tendance à pénétrer dans l'entreprise ou tout au moins à tenter de négocier directement avec ces dernières. Les exemples de ce genre sont bien nombreux dans les pays européens.

Il est bien certain que les demandes des mouvements sociaux ne sont pas portées par des organisations centralisées comme c'est le cas pour le mouvement ouvrier puisque ces mouvements s'organisent sous forme de réseaux.

Toutefois, cela n'empêche pas que leurs besoins sous forme de demandes, qui s'expriment de diverses façons, soient de plus en plus prises en considération en raison d'un nouveau paradigme sociétal qui leur donne une portée nouvelle non seulement à l'échelle de la société mais également de ses diverses institutions, y compris les entreprises.

Comme pour l'inclusion des travailleurs, celle des usagers-consommateurs peut se faire selon le mode de l'individualisation (ce que peuvent réaliser les études de marché) ou selon le mode de la négociation (ce qui implique la reconnaissance des mouvements sociaux par l'entreprise).

Pour toutes ces raisons que nos deux auteurs ont jugé indispensable d'un point de vue sociologique de compléter l'approche de la régulation par celle des nouveaux mouvements sociaux si l'on veut que les rapports sociaux occupent une place centrale dans l'analyse de la production économique. Il faut dire avec ces auteurs que ce complément de nouveaux rapports sociaux s'impose non pas parce que les régulationnistes ignorent cette notion de rapport de consommation mais parce qu'ils le subordonnent au rapport salarial, ce qui est tout à fait illogique et réducteur de l'analyse. Il faut noter que la plupart d'entre eux admettent que le rapport salarial n'est exclusif ni dans les sociétés où le salariat n'est pas généralisé ni dans celles où il l'est. Beaucoup parmi eux utilisent les termes comme *mode de vie*, *conditions d'existence du salaria*t, *norme sociale de consommation*, *modèle de consommation*, etc.

En définitive, s'il existe un rapport de consommation, il est pour les régulationnistes subordonné au rapport salarial pour des raisons qui relèvent plus des exigences d'une économie conçue comme circuit macroéconomique national que de la nature des rapports sociaux identifiés dans une société donnée.

Par conséquent, si la **théorie de la régulation** peut encore nous inspirer, c'est dans la mesure où il n'est pas possible de réduire les rapports sociaux aux classes traditionnelles et où il faut par contre inclure dans la même perspective théorique les nouveaux mouvements sociaux. De ce point de vue, les rapports de travail et les rapports de consommation sont différents et ne peuvent être réduits les uns aux autres. Cela ne veut pas dire qu'ils ne sont pas interdépendants et qu'ils ne partagent pas des caractéristiques. Ainsi c'est l'exclusion des usagers dans les services collectifs d'une part et l'exclusion des travailleurs dans l'entreprise ou l'organisation de l'autre qui font que le fordisme comme le providentialisme sont en crise. La solution semble passer par l'inclusion des acteurs concernés et donc par une démocratisation aussi bien du mode de production que du mode de consommation.

Il est primordial de savoir que ce qui est essentiel dans **la théorie de régulation** c'est l'introduction d'une figure de l'agent permettant la restitution de la dimension créatrice des **pratiques conflictuelles**. Ce faisant, pour les deux auteurs, les formes structurelles doivent être conçues comme résultat des deux types de conflits, l'un autour du *travail salarié*, l'autre autour des *modes de consommation*, avec diverses possibilités de tensions, de compatibilité ou d'opposition et de décalage entre ces deux types de rapports sociaux ou même de dominance de l'un ou de l'autre selon les périodes. Il ressort très souvent que ce sont les formes de dominance qui déterminent l'itinéraire d'élaboration du produit dans l'approche filière.

Au total, il ressort, après l'exposé sur les théories de régulation et des conventions, que la logique marchande dans une économie aussi ouverte soit-elle n'est pas en même de mettre sur le marché de réalisation des produits conséquents si les rapports sociaux ne sont pas pris en compte dans l'analyse.

Par ailleurs, la sociologie vient compléter la notion économique en y ajoutant les rapports de consommation. En définitive, comme nous l'avons mainte fois soulevé, dans l'approche filière, l'élaboration du produit final tient compte des trois flux essentiels :

✓ flux des matières qui mettront en œuvre l'utilisation des différentes matières premières pour en faire des produits qui eux-mêmes sont utilisés comme matières premières jusqu'aboutissement du produit final tel que souhaité par le consommateur final qui se trouve tout en bout de chaine ;

✓ flux de connaissances qui met en jeu les différentes techniques et technologies nécessaires pour produire le bien souhaité et enfin

✓ flux d'échanges où interviennent les rapports sociaux (salarial, de consommation, les phénomènes de dominance, les institutions et organisations diverses et les différentes logiques concurrentielles des firmes aux différents stades ou nœuds de réalisation).

Il n'est donc pas exagéré de dire que l'approche filière est un lieu de confrontation de plusieurs théories économiques qui, prises individuellement, ne permettent pas de rendre compte de sa complexité et tout aussi de son pragmatisme. C'est aussi pour cette raison que tous ceux qui utilisent cet outil pour approcher la réalité économique pensent que l'économie néoclassique n'est pas en même de rendre compte de tous les contours de l'approche filière dans toute sa pertinence. Même si ce débat peut être long et houleux, il est de bon ton de l'engager ici. C'est l'objet du chapitre V qui va être développé.

CHAPITRE V
Approche Filière : une difficile application des fondements de l'économie néoclassique

L'économie libérale ou disons le contexte de la libéralisation qui domine l'ensemble des politiques économiques des pays développés, émergents ou en voie de développement prend son fondement dans ce qui est convenu d'appeler « **l'économie néoclassique** ». Et depuis toujours, la principale critique qui est faite à cette approche, qui disons-le a conduit les institutions financières internationales (Fonds Monétaire International et Banque Mondiale) d'imposer une vision unique aux pays en voie de développement en situation de crise de pouvoir s'en sortir par les fameux Plans d'Ajustement Structurel et bien d'autres incongruités par la suite, cette critique disais-je venait du fait que l'hypothèse selon laquelle les humains agissent de façon rationnelle ignorait totalement des aspects importants du comportement humain qui ont été développés largement dans le chapitre précédant. ***L'homo economicus*** peut être considéré comme assez différent des hommes réels dans le monde réel. Et même l'hypothèse des anticipations rationnelles introduites dans les modèles néoclassiques plus récemment peut être considérée d'irréaliste.

Par ailleurs, la théorie néoclassique de la production est critiquée pour ses hypothèses erronées quant aux motivations des producteurs (nous y reviendrons beaucoup plus en profondeur dans le développement qui sera fait). Cette théorie est également critiquée pour son biais normatif. Pour ces critiques, cette théorie ne cherche pas à expliquer le monde réel, mais à décrire « une utopie peuplée de zombies où s'appliquerait le critère irréelle de **Pareto-optimalité** ». En outre, on reproche à cette théorie de reposer trop lourdement sur des modèles mathématiques complexes comme ceux utilisés dans le cadre de l'équilibre général. Nous allons aborder l'ensemble de ces critiques ou démarcations sous l'angle de l'analyse des filières en parcourant les différents fondements de l'analyse néoclassique. Il faut rappeler l'importance prépondérante de la concurrence, de l'équilibre général pour ne citer que ces deux notions de base.

Il est tout à fait nécessaire de présenter brièvement l'approche néoclassique avant de revenir sur les déterminants. Ce qui permettra au lecteur non averti de ne pas faire des va-et-vient entre plusieurs ouvrages pour mieux comprendre le sens des mots et des concepts.

V.1. Ecole néoclassique

L'école néoclassique est un terme générique utilisé pour désigner plusieurs courants économiques qui étudient la formation des prix, de la production et de la distribution des revenus à travers le mécanisme d'offre et de demande sur un marché. L'hypothèse de maximisation de l'utilité qui sous-tend ses calculs économiques la rattachent au courant marginaliste. Des trois fondateurs du marginalisme à savoir Léon Walras, Carl Menger et William Stanley Jevons, le premier nommé est celui qui a la plus forte influence sur l'école néoclassique actuelle.

Le mot néoclassique a été introduit à l'origine par Thorstein Veblen en 1900[12] pour désigner des auteurs qui intègrent la révolution marginaliste initiée par Stanley Jevons et l'école autrichienne (il n'évoque pas Léon Walras). Il classe sous ce vocable notamment Alfred Marshall et les autrichiens. A partir des années trente suite aux travaux de John Hicks le courant walrasien va prendre une place croissance et incorporer une partie de l'apport keynésien à travers la synthèse néoclassique. Cette évolution va conduire les économistes dits "autrichiens" à se considérer de plus en plus comme hors de l'école néoclassique et à approfondir ce qui les différencie des autres courants marginalistes.

A la question « qui n'est pas néoclassique? », il est possible de répondre selon Weintraub[13]: l'économie marxiste, le post-keynésianisme, l'école autrichienne et certains courants de la nouvelle économie institutionnelle ou de l'institutionnalisme et la plupart des théoriciens de l'Approche Filière. Pour E. Roy, si l'école néoclassique représente l'orthodoxie et est enseignée dans les grandes universités, elle le doit à sa capacité à "mathématiser" et à "scientifiser" l'économie ainsi qu'à fournir des indications susceptibles de nous éclairer sur les conduites à suivre.

---

12 Veblen Thorstein, 1900, « The preconception of Economic Science", American Economic Review February 1900

13 E.Roy Weintraud, 2002, "how Economics Became a Mathematical Science"

Historique

L'école néoclassique nait de la « révolution marginaliste » dans les années 1870. Si elle connait avec Alfred Marshall et Arthur Cecil Pigou une forte influence, dans sa forme actuelle elle deviendra la principale école de pensée au début des années cinquante. Dans la troisième édition de son livre « Economics » qui a été un des manuels de référence alors, Paul Samuelson écrit en 1955, « *ces dernières années, 90% des économistes américains ont cessé d'être des "économistes keynésiens" ou "antikeynésiens". Ils ont plutôt travaillé à une synthèse de ce qui était valable aussi bien dans l'ancienne économie que dans les théories modernes de détermination du revenu. Le résultat peut être appelé l'économie néo-classique et est accepté dans ses grandes lignes par tous excepté par 5% d'auteurs à l'extrême gauche et à l'extrême droite* ». Malgré tout le courant néoclassique reste traversé par une tension entre ceux qui sont davantage keynésiens ou proches du social-libéralisme et ceux qui sont plus proches du libéralisme classique dont l'influence grandira dans les années soixante-dix avec notamment: les néo-walrasiens (Kenneth Arrow, Gérard Debreu), l'école des choix publics (James M. Buchanan, Gordon Tullock), les Nouveaux classiques (Robert Lucas Jr, Finn E. Kydland et Edward C. Prescott), l'école de Chicago (George Stigler, Gary Becker) ou encore les monétaristes (Milton Friedman).

Les néoclassiques sont parfois appelés « néolibéraux ».

Les ouvrages qui ont fondé le courant néoclassique sont :

- Carl Menger, 1871, « Principes de l'économie » (Grundsäze der Volkswirthschaftslehre, Vienne) ;
- William Stanley Jevons, 1871, "Théorie de l'économie politique" (The Theory of Political Economy, Manchester);
- Léon Walras, 1874, « Eléments d'économie politique pure » (Lausanne).

Apparemment, ces trois fondateurs du mouvement ne se sont jamais rencontrés et n'ont échangé aucun élément de leurs recherches respectives avant la publication de ces trois ouvrages. Ils ont donné naissance à trois écoles distinctes :

« L'école de Lausanne », avec Léon Walras et Vilfredo Pareto, *« l'école de Vienne »*, avec Carl Menger et *« l'école de Cambridge »*, avec William Jevons.

Il existe néanmoins des différences importantes entre ces trois approches. Carl Menger s'est notamment opposé vigoureusement à Léon Walras quant à la conception même de la discipline économique et en particulier l'usage des mathématiques, à tel point qu'il est quelque peu abusif d'inclure la tradition autrichienne dans l'école néoclassique.

Le contexte est celui du tournant de la révolution industrielle (on parle parfois de la deuxième révolution industrielle) mais aussi du triomphe du scientisme. La théorie est donc compréhensible dans le cadre des crises récurrentes au XIXème siècle. La perspective historique est de construire l'économie politique sur de nouvelles bases.

La pensée néo-classique cherche à donner une légitimité scientifique à l'économie. Ses partisans préfèrent souvent parler à son propos de « la » théorie économique, comme on dit «la » physique ou « la » biologie, car pour eux la théorie néoclassique est la seule à avoir un statut scientifique en économie (notamment en raison de l'usage intensif qu'elle fait des mathématiques)[14]. Ce formalisme mathématique soulève l'enjeu scientifique et politique des mathématiques en économie.

Tout d'abord, il s'agit de s'adapter à la réalité économique (Jevons utilise le calcul marginal pour étudier la tarification des chemins de fer). La théorie néoclassique part donc d'une analyse micro-économique et agrège les comportements individuels, à la différence des classiques et de Marx.

La théorie néoclassique va chercher à renforcer les conclusions libérales des penseurs classiques contestées par d'autres penseurs comme Karl Marx, en remettant en cause ou en reformulant les hypothèses de base de l'analyse économique. Cette nouvelle approche passe, pour Jevons, par la définition d'une nouvelle théorie de la valeur fondée sur ***l'utilité ; car*** « le travail, une fois qu'il a été dépensé, n'a pas d'influence sur la valeur future d'un objet : il a disparu et est perdu pour toujours ».

14 Velen, op cit

Les classiques anglais avaient fondé leurs analyses sur la théorie de la *«valeur travail»* ouvrant par la même la voie aux analyses marxistes. Leur analyse reposait sur des constats simples: l'eau par exemple est infiniment utile mais ne vaut rien. C'est pourquoi les néoclassiques introduisent la notion d' « *utilité marginale* »: la valeur dépend de l'utilité qu'apporte la dernière unité consommée, utilité qui est elle-même décroissante. Si on reprend l'exemple de l'eau, le premier verre a une valeur supérieure au dixième. Ainsi, c'est toute l'analyse néoclassique qui dérive d'une étude à la marge des phénomènes économiques.

Il y a une remise en cause des théories de la répartition des économies classiques fondée sur l'existence de classes sociales et la position de ces classes les unes par rapport aux autres. Léon Walras veut construire une science capable de distinguer dans l'activité humaine ce qui est le résultat des activités proprement économiques (concurrence) et ce qui relève de la morale. La science économique (considérée comme différente de l'économie politique) ne doit s'occuper que de ce qui permet de comprendre l'activité humaine pour construire une « économie pure » dont l'essence est que la valeur d'échange prend le caractère d'un fait naturel. Elle évacue ainsi les problèmes de justice sociale (objet d'un autre combat).

L'analyse néoclassique

Dans l'acception la plus courante du terme, l'économie néoclassique se fonde sur quatre postulats :

1. les phénomènes économiques peuvent et doivent être étudiés à l'aide des mêmes méthodes que les phénomènes physiques ;

2. les agents sont rationnels, leurs préférences peuvent être identifiées et quantifiées ;

3. les agents cherchent à maximiser leur utilité, tandis que les entreprises cherchent à maximiser leur profit ;

4. les agents agissent chacun indépendamment, à partir d'une information complète et pertinente. (Ce postulat est récusé par l'école autrichienne, qui est fidèle au dualisme méthodologique et utilise une conception plus faible de la rationalité, et par certains autres courants qui peuvent parfois, quand cette hypothèse seule est relâchée, être

considérés comme néo-classiques (voir par exemple Théorie de l'agence).

Le marginalisme redéfinit la valeur d'un bien et modifie l'évaluation de son utilité. Prenons le célèbre exemple du diamant et du verre d'eau. La valeur d'un diamant est bien supérieure à la valeur d'un verre d'eau, bien que son utilité soit discutable. Cependant, si l'on raisonne en termes de valeur marginale, on se rend compte que le dernier diamant vaudra à coup sûr beaucoup moins que le dernier verre d'eau disponible sur Terre. On voit ainsi que le marginalisme permet de mieux appréhender la valeur des biens et services.

Cette innovation méthodologique, selon J. Schumpeter, ne caractérise pas l'essentiel de la démarche néoclassique. Il écrit à propos: «On n'en vient bientôt à considérer que le marginalisme était le trait distinctif d'une école particulière : mieux encore on lui prétend une connotation politique. En bonne logique, il n'y a rien qui justifie cette interprétation. Le principe marginal est, en soi, un outil d'analyse; on ne peut éviter de l'utiliser dès lors qu'advient l'époque de l'utiliser. Marx aurait eu recours sans la moindre hésitation s'il était né cinquante ans plus tard. Il ne peut pas plus servir à caractériser une école d'économistes que l'usage du calcul ne permet de caractériser une école ou un groupe des savants en mathématiques ou en physique ».

L'idée de « *valeur utilité* » (la valeur de la marchandise provient de l'utilité subjective propre à chaque individu) est une rupture avec la « *valeur travail* », inaugurée par les classiques anglais puis reprise par Marx. C'est l'utilité qui détermine la valeur.

A partir de ces postulats, les économistes néoclassiques construisent une théorie de l'allocation des ressources rares à des fins alternatives, ce qu'ils considèrent généralement comme la définition de la discipline économique. Les prix, les quantités produites et la distribution des revenus résultent du fonctionnement du marché selon l'offre et la demande.

Par exemple*:*

- Selon la théorie néoclassique du producteur, les entreprises embauchent tant que la productivité marginale du travail (id est la production du dernier salarié embauché) est supérieure au salaire. Ils ont une attitude similaire face à l'investissement en capital dont les rendements sont d'abord croissants (voir économie d'échelle) puis décroissants.

- Selon la théorie du consommateur, l'individu adopte une attitude rationnelle visant à maximiser son utilité. A chaque dépense il compare l'utilité marginale des biens afin de hiérarchiser ses préférences et s'oriente vers le plus utile. Cette étude de l'individu, comme producteur ou consommateur rationnel et autonome rejoint le principe de l'individualisme méthodologique.
- Sur un marché de concurrence pure et parfaite, chaque facteur de production reçoit l'égal de ce qu'il apporte, d'où une juste rémunération des facteurs de production. Cette démonstration cherche donc à infirmer la théorie de la plus-value des marxistes. Dans de telles conditions, le profit tend à s'annuler.
-

L'économie néoclassique met l'accent sur les situations d'équilibre, considérées comme les solutions aux problèmes de maximisation des agents. Les phénomènes généraux sont déterminés par l'agrégation des comportements individuels des agents, une position appelée individualisme méthodologique. Les institutions, dont on peut penser a priori qu'elles conditionnent les comportements individuels, ne reçoivent que peu d'attention.

L'analyse néoclassique démontre aussi (à partir des postulats fondateurs) que les mécanismes du marché jouent un rôle régulateur qui conduit à un équilibre optimal du système économique. Pour les néoclassiques, les crises économiques sont liées à des événements extérieurs qui perturbent le bon fonctionnement du marché (interventions publiques, chocs pétroliers...), ces crises se résolvant d'elles-mêmes en situation de concurrence pure et parfaite. La croissance semble acquise, mais il y a une montée de l'insatiabilité d'où la notion d'équilibre. On n'est plus dans un cadre dynamique comme chez les classiques.

Le rôle de la monnaie est controversé : les premiers auteurs néoclassiques (à l'exception de Carl Menger) adoptent l'idée de la neutralité de la monnaie (la monnaie n'affecte pas la production, le revenu réelle, l'investissement, l'épargne ou les prix relatifs). Fisher reconnaît, en 1911, qu'il ne fait « qu'apporter une restauration et une amplification de la vieille théorie quantitative de la monnaie » avec sa fameuse équation connue de tous les économistes surtout ceux qui travaillent dans le domaine de la monnaie.

Cette équation est la suivante :

$$MV = PT$$

M = masse monétaire,

V = vitesse de circulation de la monnaie,

P = niveau général des prix,

T = volume des transactions.

L'école néoclassique est fréquemment considérée comme essentiellement libérale. Toutefois, son libéralisme est tempéré par une volonté d'encadrer la concurrence pour imposer les conditions de la concurrence dite « pure et parfaite ».

Les mathématiques comme nouvelle approche de l'économie

Les économistes de l'école néoclassique développent une formalisation mathématique de l'économie. Leurs analyses mathématiques (la microéconomie) reprises par la plupart des économistes depuis cette époque, débouchent dans leur forme la plus aboutie sur la notion d'équilibre économique : une formalisation mathématique abstraite présentant des modèles d'économies idéales et optimales mais reposant sur des hypothèses théoriques imparfaitement vérifiées dans la réalité. A cette époque, la pensée économique tente de s'écarter des sciences humaines pour s'apparenter, par les méthodes de formalisations mathématiques qu'elle utilise, aux sciences exactes. Il s'agit généralement d'une incompréhension. On doit par exemple la notion d'équilibre général (certainement le concept le plus abstrait de la science économique) à l'économiste Léon Walras dans son ouvrage « Traité d'économie politique pure ».

L'auteur, comme il l'indique dans le titre, s'attache à développer une formalisation d'une « économie idéale » dont il sait qu'elle ne peut pas exister (d'où l'usage du mot « pure »). Considérant les différentes imperfections de l'économie réelle par rapport au modèle idéal, il attribue un rôle à l'Etat.

De ces considérations découlent une « politique économique appliquée » et une « économie sociale » qui divergent de l'économie pure. Pour Léon Walras, il n'y a aucune supériorité du concept d'équilibre général sur les deux autres dimensions de l'économie. Il explique que « leurs critères respectifs sont le **vrai** pour l'économie pure, l'**utile** ou l'**intérêt** pour l'économie appliquée, le **bien** ou la **justice** pour l'économie sociale ».

Les néoclassiques vont introduire dans leurs théories un usage massif de dérivées (utilité marginale, productivité marginale...). Cet usage est fortement critiqué par Carl Menger et les autrichiens, pour qui l'économie ne peut être que qualitative. Au moment où cette démarche rencontre des critiques, Léon Walras écrit dans l'une de ses correspondances : « l'introduction de la mathématique dans l'économie politique est une révolution scientifique ».

V.2. Le modèle de concurrence parfaite

Selon les économistes néoclassiques, le « jeu du marché » permet la meilleure coordination des décisions individuelles des agents économiques. Le « jeu du marché » correspond à l'image d'une confrontation simultanée des offres et des demandes des agents pour chacun des biens, à partir de laquelle émane un élément moteur central et unique qu'est le prix par bien ou service qui est supposé égaliser les quantités de l'offre et de la demande prises dans leur ensemble.

En termes plus pratiques, les agents expriment de façon individuelle la quantité de biens qu'ils sont prêts à acheter ou à vendre selon un prix qui leur est annoncé et qui évolue jusqu'à se stabiliser à un prix où l'équilibre est établi, id est à une situation où les échanges ont effectivement lieu. Avec un certain nombre de conditions, cet équilibre est qualifié d'efficient, c'est-à-dire qu'il représente une situation où chaque agent ne peut augmenter son utilité (pour les consommateurs) et son profit (pour les entreprises) sans que celle d'au moins un autre agent soit diminuée. On atteint ici l'optimum de Pareto ou une situation Pareto-optimale. Il s'agit du *modèle d'équilibre général en concurrence parfaite*. Les néoclassiques accordent à cet équilibre un rôle central dans l'orientation de l'économie dans sa globalité.

Ce modèle simple, de prime à bord, repose en réalité sur des hypothèses extrêmement précises et rigides qui sont difficilement réalisables. Elles vont au-delà de l'idée générale que plus il y a de concurrence, mieux c'est. Ce sont des hypothèses sur les conditions de fonctionnement du marché et sur le comportement des agents. Ces hypothèses doivent être réalisées simultanément pour qu'il y ait un équilibre général efficient. Comme nous l'avons indiqué à l'introduction, ces hypothèses ne cadrent pas avec la réalité des comportements humains/individuels, ni à la façon dont s'effectuent les échanges entre agents économiques dans l'économie contemporaine.

V.2.1. Conditions de fonctionnement du marché dans le modèle néoclassique

Selon Ph. Hugon, pour que « les décisions *microéconomiques* des agents soient conciliables en un équilibre concurrentiel, les **échanges** se font **nécessairement de façon centralisée**, par l'intermédiaire d'un commissairc- priseur (imaginaire) qui recueillerait toutes les offres et les demandes, calculerait et afficherait le prix de chaque bien en conséquence ». Par la suite cet ensemble de prix des biens et services ainsi obtenus s'impose aux agents qui modifient en conséquence leurs offres et demandes, jusqu'à ce que s'établisse l'équilibre. Si on peut concevoir l'existence de ce puissant intermédiaire « invisible » dans les bourses, il est peu réaliste de croire à son existence dans l'économie réelle (agricole ou autre). En se basant sur cette hypothèse, les échanges entre agents économiques n'ont lieu que moyennant intervention du commissaire-priseur. Les échanges bilatéraux entre agents hors intervention du commissaire priseur et à des prix convenus par eux sont donc impossibles. Il en est de même des différents contrats que les entreprises passent entre elles dans le cadre des flux des échanges et les relations de gré à gré. Alors que dans l'analyse des filières, les relations entre les agents sont si étroites pour certains échanges que cette hypothèse de l'intermédiaire invisible puisse être appliquée.

Il importe de noter que tous les biens et services demandés ou offerts ont un prix et ce prix est unique, id est à un instant **t** donné il est le même pour tous les agents y engagés et quel que soit le bien (présent ou futur). Si un seul bien n'avait pas de prix, alors il ne pourrait y avoir d'équilibre. Vous comprenez la rigidité des hypothèses et la complexité de l'établissement de cet équilibre dans l'environnement actuel dans lequel évoluent nos économies.

Il est aussi essentiel que tous les agents disposent de la même information, sur les prix et sur les caractéristiques intrinsèques des biens présents et futurs. Cette hypothèse interdit l'asymétrie de l'information qui est assez présente dans l'économie agricole. En outre, cette hypothèse suppose de manière implicite que l'information n'a aucun coût. Alors qu'avec la mondialisation et la complexité de l'économie et des entreprises, le marketing est devenu une des stratégies les plus importantes des firmes et surtout la prise en compte de l'information dont les charges deviennent de plus en plus importantes. En effet depuis que le commerce existe, les hommes d'affaires se sont surtout attachés à gérer *l'argent,* les *biens* et les *hommes.* Moins d'attention a été accordée à la quatrième **ressource-clé** de la démarche marketing: l'Information.

Dans cette logique, trois facteurs rendent plus nécessaire que jamais l'adaptation de méthodes aux besoins d'information croissants :

✓ Le changement d'échelle de l'activité marketing qui de locale, devient nationale et même globale ;

✓ La difficulté croissante de prédire le comportement d'achat ;

✓ L'extension de la concurrence par les prix à d'autres termes de compétition.

C'est pourquoi, l'analyse du marché est un facteur clé de la réussite. Elle consiste à :

✓ Etudier le marché et construire un **système d'information** marketing ;

✓ **Analyser** l'environnement ;

✓ Comprendre la consommation et le comportement d'**achat** ;

✓ Comprendre la clientèle d'**entreprise** et l'achat industriel ;

✓ Analyser la **concurrence**.

On se rend aisément compte que cette partie du fonctionnement du marché telle que présentée par les néoclassiques est problématique car l'information est non seulement pas disponible à tous mais surtout elle a un coût, parfois même élevé.

Dans le modèle d'équilibre en concurrence, il est important de signaler que la production doit s'effectuer à **rendement d'échelle**

décroissant ; ce qui signifie que « tout accroissement de l'emploi d'un facteur variable, pour une quantité donnée de facteur fixe, se traduit par un accroissement de la production de plus en plus lent » Cela signifie en d'autres termes que la *productivité marginale des facteurs de production* variables est décroissante. Sans cette hypothèse, la production des entreprises tendrait vers l'infini car leur profit augmenterait sans cesse. Il faut noter toutefois que dans la production à rendement d'échelle décroissant, le progrès technique intervient à chaque fois pour modifier le niveau d'efficience. Les flux des connaissances techniques et technologiques permettent à la production de s'améliorer sans cesse.

Il importe de noter que les trois facteurs qui agissent sur le taux de croissance de la production sont **l'état de la technologie**, le volume et le **type des ressources mobilisées** dans la production et **l'efficience** vers laquelle ces ressources sont utilisées. Le modèle néoclassique peut être visualisé dans la figure ci-après :

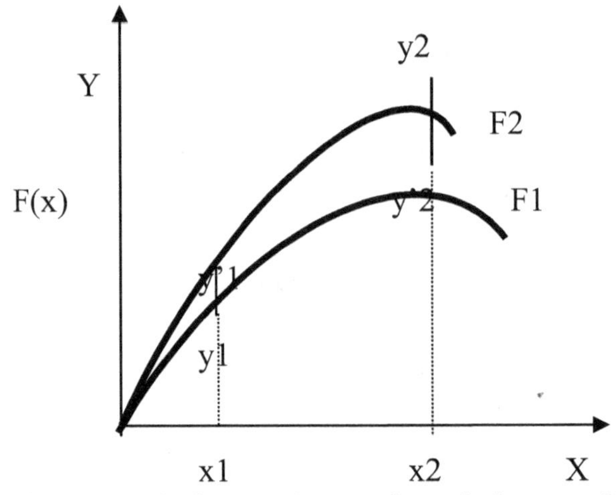

Figure 6 : l'influence du progrès technique sur la production

Les courbes de production représentent la relation efficiente entre le produit et le facteur. Un facteur X_1 donnant un produit Y_1 correspond à un procès de production inefficient, puisque le niveau d'efficience permet avec le même facteur de produire Y'_1. Chaque courbe, qui correspond à un état différent de la technologie montre que pour une même technologie la croissance du produit ne peut avoir lieu qu'avec des rendements décroissants. Dès lors, la croissance ne peut être entretenue qu'avec l'amélioration des techniques illustrées par le changement de courbe de production qui traduit le fait qu'avec une même quantité de facteur X_2 on peut obtenir une quantité supérieure de produit ($Y2 > Y'_2$). C'est pourquoi l'augmentation de la productivité globale des facteurs, qui est la production moyenne du facteur agrégé, ne peut avoir lieu qu'avec le progrès des techniques qui repousse le stade des rendements décroissants des facteurs.

Ainsi les déterminants de l'évolution de la productivité globale des facteurs sont le plus souvent repérés par les caractéristiques de la technologie et le mouvement du prix relatif des facteurs.

Dans cette logique, Hayami et Ruttan ont introduit *la théorie* ***du changement technique induit*** surtout dans l'économie agricole.

Cette théorie suggère que la recherche du profit maximum incite les firmes non seulement à se situer sur la courbe d'efficience, mais aussi à s'impliquer dans l'élévation du plafond technologique, soit directement soit par leur pression sur la recherche publique pour dépasser les limites imposées par le plein emploi des facteurs. Le trend du progrès technique est ainsi induit, tant comme les biais du changement technique, par la nationalité des agents économiques. En admettant cela, Hayami et Ruttan supposent eux aussi que les producteurs agricoles ont la même nationalité.

V.2.2. Hypothèses sur les comportements humains/ individuels

Dans l'approche néoclassique, les décisions des agents (production, achat, vente) se fondent uniquement sur les prix des biens (dont les caractéristiques sont par ailleurs parfaitement connues). Ces décisions sont prises dans le seul but de maximiser leur *utilité* (consommateurs) ou leur *profit* (entreprises).

Ainsi, les agents se comportent comme s'ils n'avaient aucune influence sur les prix. À chaque niveau de prix, ils « croient » qu'ils peuvent acheter ou vendre toutes les quantités de tous les biens. Il découle de cette hypothèse que les concurrents à l'échange sont *anonymes et indépendants* : ils ne se connaissent pas et ne cherchent pas à savoir comment les autres décident pour former leur propre décision. Le modèle est incompatible avec l'existence d'anticipations de la part des agents et de rapports de force entre eux, rapports de force qui caractérisent le fonctionnement et la dynamique des filières de production. On sait, par ailleurs, que les entreprises connaissent de mieux en mieux leurs concurrents et c'est pour cette raison qu'en stratégie marketing il existe des actions spécifiques à entreprendre dans ces situations. Une analyse spécifique est faite à cet effet pour la plupart des entreprises que nous résumons ci-contre.

Processus d'analyse de concurrence en marketing

➢ **Identifier la concurrence** : Il semble facile d'identifier les concurrents. Par exemple pour **Coca-cola**, c'est **Pepsi** et pour **Seb** c'est **Moulinex**. Mais la vraie concurrence est beaucoup plus vaste. Ignorer les concurrents potentiels est une forme de myopie, pour les entreprise, qui finit par rendre aveugle. A l'analyse, deux conceptions de la concurrence s'affrontent :

- ***La concurrence au niveau du secteur d'activité*** : Ensemble des entreprises qui offrent des produits se substituant les uns aux autres (secteur automobile, branche hôtelière ou industrie pétrolière par exemple).
- ***La concurrence au niveau du marché*** : L'analyse de la concurrence peut se faire en termes de besoins et de clientèle cible. Un constructeur de machine à écrire peut être, du point de vue du client, mis en concurrence avec le crayon, le stylo ou l'ordinateur personnel.

➢ **Identifier les stratégies des concurrents** : Plus deux entreprises se ressemblent, plus elles se font concurrence. Sur cette base, on peut identifier des *groupes stratégiques* rassemblant les entreprises d'un même secteur qui poursuivent une stratégie comparable et qui se connaissent parfaitement.

➢ **Découvrir les objectifs des concurrents** : derrière chaque concurrent se profile une vocation, une mission. Certains raisonnent à court terme ; d'autres, à plus long terme, se satisfaisant de résultats immédiats concordant avec leur trajectoire. En allant plus loin, on découvre que chaque concurrent dose ses objectifs de façon variable, et pondère différemment la rentabilité, la conquête de part de marché, le cash-flow, l'avance technologique, l'image, etc.

➢ **Evaluer leurs forces et faiblesses** : Il est utile de commencer par rassembler les données de base sur chaque concurrent : chiffre d'affaires, part de marché, marges, rentabilité, cash-flow, programmes d'investissements, capacité de production. Les sociétés évaluent les forces et faiblesses de leurs concurrents à partir d'informations de seconde main, de l'expérience passée et du bouche à oreille et d'études de marché.

➢ **Anticiper les réactions des concurrents** : A partir d'observations, Henderson propose trois règles de conduite :

- S'assurer que son rival sait ce qu'il gagne à coopérer et perd à combattre,
- Eviter toute initiative qui déstabilise le concurrent au point de le faire réagir de façon incontrôlable,
- Convaincre le concurrent de l'attachement raisonné que l'on porte à sa position sur le marché.

➢ **Concevoir un système d'intelligence adapté** : En structurant, par exemple, en base de données toute information relative à la concurrence : analyse de la presse spécialisée, surveillance des normes, brevets et réglementations, consulter les banques de données existantes, écouter les hommes de terrain, décortiquer les produits concurrents.

➢ **Qui attaquer et qui éviter** : Plusieurs stratégies sont envisageables. Selon le temps, les ressources et les objectifs, on peut s'attaquer aux plus faibles (ou aux plus forts), aux plus lointains (ou aux plus proches), aux bons (ou aux mauvais).

Dans l'économie contemporaine, la plupart des entreprises qui sont sur le marché connaissent parfaitement leurs concurrents et ont aussi des niveaux d'information totalement différents. Ce qui ne cadre pas avec les hypothèses de base de la théorie néoclassique.

V.3. Équilibre général et équilibre partiel

La théorie d'équilibre général est la base de l'allocation des ressources dans une économie de marché de concurrence parfaite. Elle fait ressortir les articulations qui permettent aux marchés et aux prix d'assurer la coordination des activités économiques. C'est ainsi, que l'idée avancée par Adam Smith en 1776 s'est concrétisée. Cette idée repose sur le postulat que c'est une « main invisible » des marchés qui rend compatibles les décisions d'innombrables agents économiques pour l'ensemble de l'économie. Il faut rappeler que les principes de l'équilibre général ont été posés par Léon Walras en 1874 dans son ouvrage sur les « Éléments d'Economie Politique Pure ».

Sa formulation mathématique a été clairement et rigoureusement définie par Kenneth Arrow et Gérard Debreu en 1954 dans leur article sur « Existence of an Equilibrium for a Competitive Economy » publié dans la revue Econometrica.

Cette théorie constitue le cœur de la théorie économique contemporaine. La représentation qu'elle offre des mécanismes économiques lui donne un très large domaine de validité.

Alors que l'équilibre général constitue le noyau central pour la théorie néoclassique (c'est en équilibre général concurrentiel qu'on peut aboutir à un optimum de Pareto comme on l'a indiqué à la page 91), on raisonne le plus souvent, notamment en ce qui concerne les productions agricoles, en équilibre partiel, c'est-à-dire qu'on ne s'intéresse qu'à un seul bien en faisant l'hypothèse que les variations de l'offre et de la demande concernant ce bien n'ont pas d'incidence sur les offres, des demandes et les prix des autres biens et que ces derniers ne peuvent donc avoir une action quelconque sur le marché du bien considéré. Même pour l'équilibre partiel qui a, certes, le mérite d'être simple à comprendre et à expliquer, il faut dire que sa portée est limitée et il peut entraîner des conclusions inadaptées. Ainsi l'hypothèse implicite d'indépendance des offres et demandes du bien considéré sur celles d'autres biens pose le fameux postulat des économistes néoclassiques **« toutes choses étant égales par ailleurs»** ce qui peut être totalement faux et pas seulement de façon marginale. Elle est difficile à observer quand il existe un ou plusieurs biens qui peuvent se substituer au bien considéré dans le modèle présenté: la courbe d'offre de producteurs pour une spéculation donnée est aussi influencée par le prix relatif d'autres spéculations techniquement possibles en remplacement.

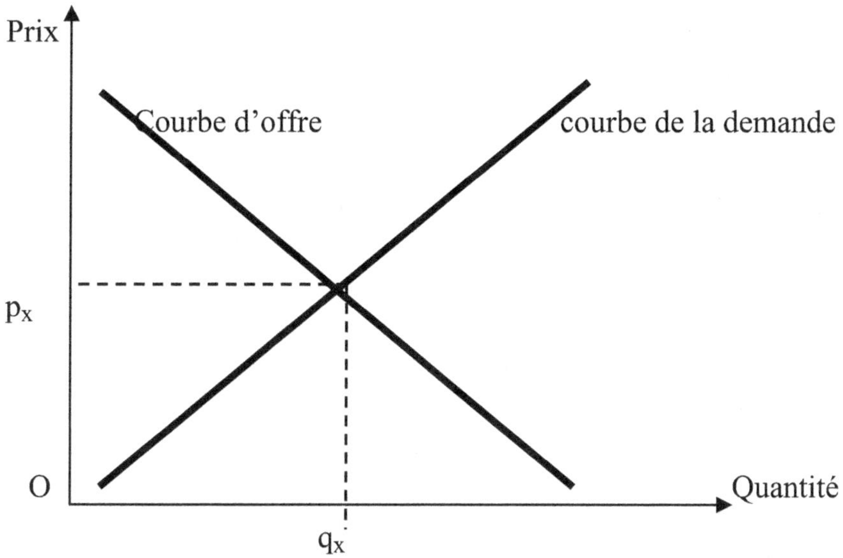

Figure 7 : Equilibre partiel

La difficulté dans le graphique ci-dessus n'est pas d'établir qu'il y a un prix équilibrant l'offre et la demande, ni même de connaître ce prix, mais de déterminer la forme, la position et la « stabilité dans le temps » des courbes (des droites) d'offre et de demande en fonction du prix. En effet, les courbes d'offres et de demande sont virtuelles puisque non observables. Ce qui est observé, ce sont des échanges effectifs. Selon Ph. Hugon, la seule chose qu'on puisse dire avec certitude est que la courbe de demande est en général décroissante et que la courbe d'offre est en général croissante. Mais là encore ce n'est pas toujours vrai. On peut par exemple citer l'effet «Giffen » qui met en évidence une courbe de demande croissante pour des biens de luxe : plus c'est cher, plus les gens veulent acheter. De telles courbes de demande peuvent s'observer également lorsque les agents (contrairement à l'une des hypothèses du modèle de concurrence parfaite) anticipent des rationnements ultérieurs. En ce qui concerne la forme des courbes, la courbe d'offre agrégée concernant des petits producteurs en agriculture pluviale sera différente de celle d'une ferme agro-industrielle disposant d'un dispositif d'irrigation performant. La remarque concernant la forme des courbes est importante.

En effet, le raisonnement en équilibre partiel sous forme graphique est souvent utilisé pour démontrer l'*efficience* ou l'*inefficience* de telle ou telle mesure de politique économique en ce qui concerne les prix. Il peut être convaincant dès lors qu'on ne s'intéresse pas au réalisme des courbes. Une autre critique peut être adressée au raisonnement en équilibre partiel comme au raisonnement en équilibre général : les *coûts de transaction* ou de mise en application d'une mesure sont ignorés alors que nous avions largement développé le rôle des coûts des transactions dans l'analyse des filières.

Après cette brève présentation de l'approche néoclassique et les hypothèses y afférentes, nous nous rendons compte que les néoclassiques ont représenté plus une économie virtuelle ou idéale que l'économie réelle telle qu'elle fonctionne de nos jours. Il n'est pas de notre ambition de remettre en cause la théorie néoclassique, car nous n'avons pas cette prétention et sûrement pas les compétences nécessaires ; mais nous attirons tout simplement l'attention du lecteur de l'approche filière qu'il ne faut pas tout simplement faire l'analyse sous le prisme exclusif de l'approche néoclassique ; auquel cas plusieurs aspects de l'analyse ne pourront pas être abordés et la pertinence de l'approche s'en trouvera amoindrie.

Il est donc utile de tenir compte de la spécificité de cette approche pour l'exploiter dans toute sa complexité, intégrant les théories néoclassique, de la régulation, des conventions, des organisations, des contrats, des institutions, etc. On utilisera une partie de la macro-économie et une autre de la micro-économie et c'est la raison pour laquelle nous voulons, avec certains auteurs la placer dans la méso-économie qui est en pleine construction. Cette approche nous permettra en même temps d'aborder les questions de compétitivité internationale comme nous l'avions annoncé dans les chapitres précédents. C'est l'objet du chapitre VI suivant.

CHAPITRE VI
L'approche filière : de la méso-économie à l'analyse des compétitivités

Dans le cadre d'une analyse de filière, en adoptant la grille de Ph Hugo, il importe de combiner trois approches, celle *micro* qui part des acteurs, de leurs rationalités et de leurs stratégies, celle *d'économie politique internationale* qui étudie l'impact de la concurrence et celle *méso économique* en termes de flux et de rapports de pouvoirs de la part des grands acteurs situés au sein de la filière ou à l'extérieur d'elle mais avec une influence certaine. Il serait question ensuite de se placer à un niveau plus élevé de complexité pour intégrer l'*analyse institutionnaliste afin de* lier les structures sociales et les stratégies d'acteurs par des médiations institutionnelles en distinguant les faits collectifs (les valeurs, les normes, les institutions) et les actions, les mobiles et leurs modes opératoires. Comme nous l'avons développé dans la partie concernant ces théorie, les institutions peuvent se définir en termes d'efficience comme réductrice de coûts de transaction, ou d'incertitude, comme le fruit de rapports sociaux, de conflits et de compromis. Dans le chapitre sur les théories, nous avons largement débattu de la situation de la filière dans les différents contextes théoriques. Dans ce chapitre, nous allons nous attarder tout simplement sur les éléments méso-économiques et faire un petit aperçu de la compétitivité internationale des filières en termes d'avantages comparatifs.

VI.1. La méso dynamique du développement

L'approche *méso dynamique ou méso économique institutionnelle* veut intégrer les contraintes techniques de l'analyse en termes de *filières,* les stratégies des acteurs et les différents modes de coordination de l'*économie des organisations* et les liens entre les régimes d'accumulation et les configurations institutionnelles de la *théorie de la régulation (*De Bandt, Hugon 1988). Les acteurs intervenant au sein des filières sont en position d'asymétrie. Ils n'ont pas le même niveau d'information tout au long de la filière et le problème d'asymétrie de l'information a été longuement traité avec l'exemple des stratégies marketing. On observe également des changements des modes de gouvernance des filières et des entreprises ainsi que des rapports de force avec une montée en puissance à la fois des opérateurs privés multinationaux et des groupements paysans de plus en plus puissants dans le domaine agricole. Quand on prend l'exemple de l'économie cotonnière, ces groupements ont joué des rôles différemment importants selon leur forme[15] et la puissance de la structure d'encadrement et aussi suivant les pays. En Afrique de l'ouest la restructuration ou disons le démentiellement des filières coton ont permis à certaines organisations de se placer en agents incontournables pour négocier la forme du démantèlement.

Il faut noter que les filières regroupent des acteurs partageant des objectifs communs liés par un ensemble de règles hiérarchiques. Il y a internalisation par un mode de coordination des transactions. La permanence des relations permet des dispositifs cognitifs collectifs. Les opérateurs, déterminent des règles et des contrats notamment en ce qui concerne le partage de la valeur ajoutée au sein de la filière. Certaines opérations de développement jouent un rôle de leader; les agents ont des logiques qui s'insèrent à l'intérieur de la filière mais également à l'extérieur; ils appartiennent à une pluralité de groupes. A un niveau plus global, ces organisations trouvent place dans des formes institutionnelles, des régimes d'accumulation et des modes de régulation spécifiques. Nous en avons largement fait cas plus haut. On peut tout de même caractériser les filières cotonnières qui ont été tant citées en exemples aussi bien dans nos recherches antérieures que dans les travaux de Ph. Hugo ou Michel FOX. Elles peuvent être caractérisées par :

- les diverses *technologies* utilisées: traditionnelles, non artificialisées, artisanales, industrielles ;
- les *espaces* de référence: géographiques et socio politiques (local, sous régional, national, régional, mondial) ;

---

15 Au Cameroun par exemple, toutes les organisations paysannes ont été mises en place par la Sodecoton. Et face à cette dernière, quelle que soit leur forme, ces regroupements sont affaiblis et ne peuvent valablement défendre les intérêts de leurs membres et surtout pouvoir négocier un juste prix pour la rémunération de leurs ressources productives. Les producteurs du coton dans ce pays ont continuellement régressé dans leur capitalisation ou progressé dans la décapitalisation ; ils se sont tous appauvris au détriment des autres acteurs de la filière (surtout les salariés de la Sodecoton et les institutions partenaires : CFDT-DAGRIS).

- les *modes de coordination:* prix de marché libre ou garanti, contrats, hiérarchie, intégration ;
- les *logiques des acteurs* : comportements sécuritaires, spéculatifs, de rentabilité,
- les *régimes de concurrence :* Monopolistique, oligopolistique ;
- les droits de propriété: privée, publique, mixte avec participation au capital d'acteurs pluriels.

En ce qui concerne les droits de propriété, il est utile de rappeler tout simplement ce qui a été dit dans le chapitre IV: « La fonction des droits de propriété est aussi d'internaliser les externalités et de fournir ainsi aux individus des incitations à créer et à valoriser des actifs. La définition des droits de propriété doit permettre de parvenir à une situation d'allocation optimale des ressources. L'organisation, et plus spécifiquement l'entreprise capitaliste (ou firme), est alors vue comme une structure spécifique de droits de propriété devant permettre la mise en œuvre d'incitations et de procédures de contrôle efficaces et efficientes. La plupart des travaux s'inscrivant dans ce cadre d'analyse débouchent sur la conclusion que la firme capitaliste, et plus spécifiquement la société par actions, a émergé du fait de la supériorité du système de droits de propriété privés sur toutes les autres formes d'organisation de la production, à commencer par l'entreprise publique ».

Revenant sur la méso dynamique il faut signaler qu'elle renvoie à une représentation des sous-systèmes productifs notamment (répondant au système de découpage de la filière dans le cadre du système productif tel que défini dans le premier chapitre):

- *hiérarchisée*: il s'agit de mettre en évidence des phénomènes d'entraînement, financiers, commerciaux et de dominance technologique. Il est question de faire référence aux trois grands flux dont nous avions fait mention (flux d'échanges, flux de matières, flux de connaissances).
- *spatialisée*: il s'agit de voir comment à une pluralité d'espaces socio politiques peuvent correspondre un sous-système productif et

inversement comment à un espace sociopolitique peut correspondre plusieurs sous-systèmes ;

- *dynamique*: les acteurs ont des stratégies d'innovation ou de routines; ils agissent dans des environnements où les technologies sont stationnaires ou évolutives;
- *diversifiée:* il y a pluralité des filières agricoles ou agro alimentaires que l'on peut caractériser par les technologies utilisées, l'espace de référence, les modes de coordination, les stratégies des agents.

Le *méso système agricole* est défini par Hugon comme « un *sous-système productif intégrant la production, la transformation et l'utilisation d'un produit ou d'un groupe de produits agro-alimentaires selon différents modes de coordination, des configurations institutionnelles historiquement déterminées et selon un rapport espace/temps spécifique* ».

Dans le court terme et l'espace localisé, seront privilégiées les comportements d'adaptation des agents et les modes de coordination conditionnant les actions et les comportements des agents; dans le long terme et l'espace mondial, seront privilégiées les actions stratégiques des agents modifient les structures et les configurations institutionnelles modelant les stratégies de ces acteurs.

La représentation *verticale* de l'intégration productive permet de repérer les acteurs et de resituer leurs stratégies dans une relation *horizontale* (de la communauté villageoise au marché mondial). Les modes de produire, d'échanger et de consommer se font à partir de techniques plus ou moins capitalistiques; ils sont réalisés par des unités de dimensions variables et conduisent à des modes de coordination différents; ils se déploient sur des espaces et concernent des échelles différentes Il est possible dès lors de construire des typologies de *filières spatialisées*. Chacune des filières se définit selon un rapport espace/temps en fonction de son échelle (local, régional, national, international), de son horizon temporel (court, long terme, viager, intergénérationnel) et selon son mode spécifique de régulation. Nous distinguons ainsi en Afrique quatre filières agro alimentaires (Cf. Hugon 1985) selon leurs modes de régulation et de coordination :

- les *filières domestiques* (solidarité, réciprocité coordination coutumière, relation de proximité) ;
- *les filières marchandes « simples »* (équivalence, échange, coordination ex post par les prix de marché) ;
- *les filières étatiques ou administrées* (hiérarchie, prestation/redistribution, coordination ex ante par les règlementations) et
- *les filières industrielles ou capitalistes* (accumulation, apprentissage coordination procédurale par les contrats, aiguillon de la rentabilité).

VI.2 L'approche filière et la méso-économie institutionnelle

1. L'analyse des méso-systèmes productifs

La filière, comme nous l'avons souligné est un mode de découpage et de représentation de l'appareil productif supposé partiellement décomposable. Elle permet de repérer des relations de linéarité, de complémentarité, de plasticité et de cheminement entre les différents stades de transformation du produit. Elle peut être vue comme un objet concret; on parlera en agriculture de la filière riz, pomme de terre, plantain. Elle peut être analysée comme un mode de découpage du système productif privilégiant certaines relations d'interdépendances ou comme un concept permettant de comprendre la structure et le fonctionnement d'un champ et de repérer l'espace de déploiement des stratégies des opérateurs. Elle peut correspondre enfin à un outil d'intervention pour les acteurs du développement.

2. Vers une méso-économie institutionnelle

Les filières regroupent des agents partageant des objectifs communs liés par un ensemble de règles hiérarchisés. Il y a internalisation par un mode de coordination des transactions. La permanence des relations permet le fonctionnement des dispositifs cognitifs et une efficience minimale. Les opérations déterminent des règles et des contrats notamment en ce qui concerne le partage de la valeur ajoutée créée tout au long de la filière qu'on peut facilement repérer suivant la méthode des comptes telle que nous allons présenter dans le chapitre suivant avec le maximum de détails pour une meilleure compréhension. Au sein de la filière, certaines opérations de développement jouent un rôle leader; les agents ont des logiques qui s'insèrent à l'intérieur de la filière mais également à l'extérieur. Il faut rappeler que parmi les logiques majeures à l'œuvre dans la société, l'Economie des Conventions, comme il a été dit, souligne notamment l'importance des logiques marchandes et industrielles. Ces deux logiques prennent notamment forme au travers de deux grands types d'entreprise:

- L'entreprise marchande : s'appuie sur la logique marchande qui fait du prix le critère de jugement de la qualité ;
- L'entreprise fordiste : matérialise les principes de la logique industrielle. L'entreprise fordiste est fondée sur la standardisation des produits et sur une organisation scientifique de la production.
- Une troisième logique, la logique domestique, est un autre ordre essentiel engendrant une forme spécifique d'organisation. Ainsi, l'entreprise «domestique» s'appuie sur la production d'un produit de qualité traditionnelle, s'adressant à une clientèle spécialisée et réalisée à partir d'un travail artisanal.
- Une quatrième et dernière logique, ou convention, occupe une place importante: la convention de réseau.

On comprend ainsi que l'analyse conventionnaliste se démarque des approches contractualistes. Chez ces dernières, la forme organisationnelle adoptée répond à un souci d'efficacité économique (par exemple, minimiser les coûts de transaction), cette efficacité étant évaluée à partir d'un référent unique (la logique marchande). A l'inverse, selon l'économie des conventions, la forme organisationnelle adoptée est fonction d'un arbitrage portant sur les différentes conceptions du bien commun, id est des valeurs à partir desquels l'entreprise souhaite être jugée. Enfin, la grille conventionnaliste débouche également sur des analyses relevant davantage de la sociologie des organisations: à chaque convention/logique (marchande, domestique, industrielle et de réseau), correspond en effet une convention de travail à partir de laquelle les travailleurs se coordonnent.

Comme il ressort assez clairement tout au long de cet ouvrage, plusieurs éléments permettent de caractériser les filières agricoles ou agroalimentaires :

➢ les diverses technologies utilisées: traditionnelles, artisanales, industrielles ;

➢ les espaces de référence: local, sous-régional, national, régional ou mondial ;

➢ les modes de coordination: fin de marché, contrats, hiérarchie ;

➢ les logiques des acteurs, comportements sécuritaires spéculatifs d'investisseurs à risque, coutumiers, de relation de confiance ;

➢ les régimes de concurrence: monopolistique, oligopolistique...

Par ailleurs, un méso-système est un ensemble, structuré par des opérateurs industriels, d'acteurs (firmes, offices publics, agents industriels...), de modes de coordination (marché, contrats, règles, règlement) trouvant place dans les formes institutionnelles correspondant à des régimes d'accumulation qu'il n'est pas superflu de rappeler ici. Comme il a été relevé plus haut, il existe dans la logique de la croissance économique, deux régimes essentiels :

- Le régime d'accumulation extensif, fondé sur l'accroissement du stock des facteurs de production ou des ressources productives ;
- Le régime d'accumulation intensif, fondé sur d'importants gains de productivités.

Il est possible de représenter de manière très simpliste les filières en prenant un produit soit:

- les opérations de transformation assurant le cheminement du produit au sein de la filière,
- les opérations de transformation correspondant à des changements au sein de la filière, les modes de régulation qui peuvent être situés aux moments de la production, de la distribution et l'utilisation ;
- Les migrations des agents entre les filières.

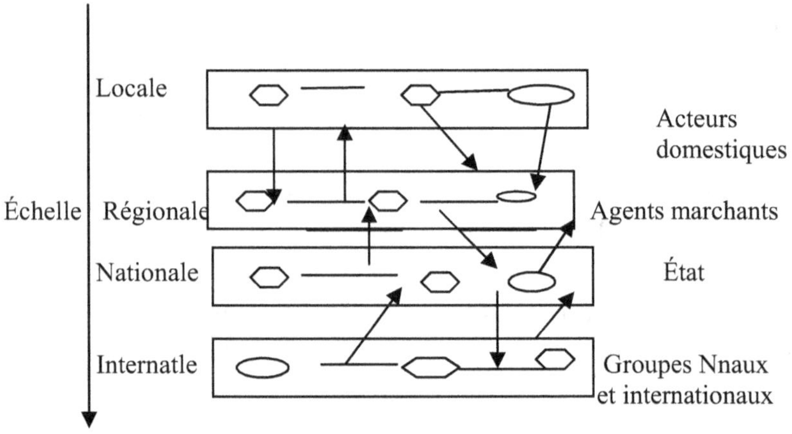

Figure 8 : l'influence du progrès technique sur la production

VI.3. L'approche filière et l'analyse de la compétitivité

Dans les relations entre les pays européens et les pays ACP, une évolution importante vient de s'opérer (on peut qualifier cela d'une révolution), ce sont les APE (les Accords de Partenariats Economiques) qui sont en cours de signatures pour les uns et déjà signés par les autres comme le Cameroun. La signature de ces accords impose automatiquement aux pays signataires (ACP) de s'engager résolument dans l'amélioration de leur compétitivité. Par ailleurs, les économies au niveau mondial connaissent une forte mutation. A cet effet, l'approche filière est tout indiquée, elle devrait aider les pouvoirs publics de mesurer avec précision le niveau de compétitivité des différents produits soumis aux accords, pour l'appréciation de ladite compétitivité. Ceci est facilité par la connaissance des circuits et des coûts, la connaissance de la formation des prix et des stratégies des agents. Cette compétitivité peut être analysée sous plusieurs angles.

3.1. Analyse des avantages compétitifs instantanés

La compétitivité d'une filière donnée se définit comme la capacité de présenter une offre ayant des coûts unitaires inférieurs au prix du marché et inférieurs à ceux des filières concurrentes de manière durable (Ph Hugo, 1998).

Les coûts en question, ici, sont ceux liés aux capitaux (amortissement des équipements et intérêts des emprunts), aux consommations intermédiaires (y compris la matière première), aux salaires et charges sociales, taxes et impôts, assurances et frais financiers. Le calcul de ces différentes charges va faire l'objet du chapitre suivant, qui est central dans l'analyse des filières. Ces calculs vont permettre de faire des comparaisons utiles entres les différentes filières à l'intérieure d'une économie donnée ou plus encore comparer les filières similaires des différents pays « concurrents » dans un espace économique donné. Il faut dire que ces calculs consistent à déterminer les différents comptes des agents économiques engagés dans la filière pour dégager les valeurs ajoutées individuelles pour en faire la consolidation au niveau de l'ensemble de la filière (ce qui permettra d'avoir le niveau de la contribution de la filière en question à l'économie nationale).

En allant en profondeur, la compétitivité peut être définie comme la capacité des agents de la filière à réduire les coûts unitaires pour s'adapter à la concurrence ou anticiper les effets de la concurrence. Pour exprimer la position relative des coûts de différents espaces productifs, on parle d'avantage compétitif plutôt que d'avantage comparatif absolu. Cet avantage n'est jamais définitif, la hiérarchie des charges évoluant en permanence. La mesure de l'avantage compétitif doit donc combiner des données instantanées avec des mesures portant sur la longue durée.

Pour mesurer la compétitivité sur la longue durée, autrement dit, rendre compte de la durabilité de l'avantage compétitif, on a recours aux coûts d'opportunité des différents facteurs de production. Malheureusement, dans le secteur agricole leur mesure est difficile à réaliser. L'acte de production étant reparti sur la durée d'un cycle climatique, la mesure des coûts d'opportunité du travail est extrêmement compliquée : chaque acte productif de l'itinéraire technique peut avoir un coût d'opportunité différent, et on est amené à faire des calculs plus fins.

Par ailleurs, la notion de coût d'opportunité se rapportant à une analyse destinée à rendre compte des coûts structurels, dans une optique d'équilibre macro-économique, la comparaison doit se faire en utilisant des prix implicites et des taux d'échange réels. La difficulté d'obtention de ces données et l'imprécision qui s'y attache impliquent de procéder à des ajustements nécessaires tels que nous présenterons dans les deux derniers chapitres.

3.2. Analyse de stabilité et instabilité des avantages compétitifs

Il est indispensable de procéder à l'analyse de la sensibilité du résultat à la variation des coûts constitutifs. Cela renseigne sur la stabilité de l'avantage compétitif. On s'intéresse en particulier à l'influence et à la flexibilité des coûts fixes et des coûts variables.

Dans le cadre des mesures de régulation sur lesquelles l'Etat peut jouer pour impulser une dynamique à la filière considérée, interviennent effectivement les coûts. Connaissant ainsi la structure des coûts et connaissant les comportements des agents, on peut être en mesure de simuler plusieurs hypothèses : évolution des prix, de changements techniques, ou conséquences de mesures de politique macro-économique. On peut ainsi évaluer des effets directs sur les comptes des agents des changements de leur environnement économique : prix relatifs, cours de l'énergie, taxes à l'importation et à l'exportation, subventions et la variation du taux de change qui concerne la politique cambiaire reposant sur les volets de la libération des marchés de change, la dépréciation du taux de change réel, l'unification des taux de change entre l'économie réelle et l'économie souterraine. Il faut noter que cette politique spécifique favorise beaucoup plus les filières orientées vers l'extérieur (exportation).

En plus des effets directs, on peut examiner les conséquences sur la répartition de la valeur ajoutée et sur les marchés internes à la filière ou émettre des hypothèses sur l'évolution de cette répartition. Comme nous l'avons le voir dans le chapitre suivant, la répartition de la valeur ajoutée créée au sein de la filière devra être repartie entre les différents agents de ladite filière. Cela permettra de repérer les nœuds de la filière à faible rémunération des facteurs, et c'est là l'intérêt d'une telle étude pour le politique. S'il s'avère que ce sont les maillons « faibles » qui se retrouvent dans une telle situation, l'Etat peut prendre des mesures correctives, si son objectif est effectivement de réduire la pauvreté en mieux valorisant les ressources productives pour cette catégorie d'agents.

L'analyse de filière révèle donc la sensibilité des coûts aux prix des facteurs donc aux différents marchés qui caractérisent l'économie d'un pays ou d'un ensemble économique, le marché des consommations intermédiaires, le marché du travail, et le marché du capital. En outre, les coûts sont liés à différentes variables macro-économiques comme le taux de change, et les taux d'intérêt dans une économie où le système bancaire joue pleinement son rôle en mettant à la disposition de l'ensemble des agents des filières le capital dont ils ont besoin pour que le taux d'intérêt ait une signification pertinente. Mais si on analyse l'économie camerounaise, par exemple, on se rendra vite compte que les banques ne jouent pratiquement pas leur rôle. Toutes les grandes banques camerounaises rémunèrent leurs services à travers les frais de tenue des comptes et des agios « paradoxaux », id est prélevés sur tout type de comptes et quelle que soit sa position : en débit ou en crédit. La place du crédit est extrêmement limitée à quelques « privilégiés ». C'est la raison pour laquelle ces banques sont en surliquidité permanente. Quel paradoxe pour une économie comme celle du Cameroun qui a tant besoin des capitaux pour lancer sa production (exemple de la filière coton au Burkina Faso, au bénin ou au Mali).

Il faut signaler que l'analyse de compétitivité des filières est plus souvent complétée par celle d'impact de la politique macro-économique ; surtout quand la filière concernée est d'une importance capitale pour l'économie du pays et que cette filière ait des relations avec plusieurs secteurs de ladite économie.

3.3. Approche Filière et Analyse d'impact macro-économique

La connaissance détaillée d'une filière permet de faire des analyses fines de l'impact de mesures macro-économiques et institutionnelles sur la compétitivité. Et les voies d'amélioration de l'avantage compétitif global existent et sont nombreuses.

- Les actions ayant une influence certaine et éventuellement la plus rapide sont celles relatives aux ajustements des taux de change et la baisse des taxes à l'exportation. Il s'agit là des actions essentiellement de court terme. Elles n'assurent pas obligatoirement une compétitivité durable. Et, il faut le dire, c'est à ces résultats auxquels vont aboutir la plupart de nos pays ACP qui se sont engagés dans les APE avec l'Union Européenne.

- La réduction des coûts peut aussi être obtenue par des mesures de rationalisation de la production. C'est ce qui avait été demandé aux différentes structures d'encadrement des filières coton dans les pays de l'Afrique Subsaharienne, dans le cadre de la restructuration qui avait été engagée.

- Certaines variables de coûts ont par contre un rôle important par l'influence qu'elles exercent sur les autres coûts : le prix de la main-d'œuvre et le prix de l'énergie qui entre dans le poste transport et transformation industrielle.

Dans cette série d'actions qui sont énumérées, celles ayant des effets durables et d'importance dans la formation d'avantage compétitif sont celles relatives à l'amélioration de la productivité des facteurs (l'amélioration des gains de productivité) tout au long de la filière (aux différents nœuds) :

- L'incorporation des techniques nouvelles permet une amélioration de productivité physique réelle, c'est-à-dire de rendement, par différence avec les gains mesurés en monnaie qui peuvent venir de simples évolutions de prix. Les sauts de productivité physique ont généralement une influence considérable dans la baisse des coûts unitaires des produits. Ils sont rendus possibles par des changements des flux des connaissances techniques et technologiques dans le procès de production. Il est donc essentiel, dans le domaine agricole, par exemple, de mettre l'accent sur l'innovation technique et technologique.

- Le changement technique requiert des investissements qui, souvent, ne peuvent être réalisés que si le cadre macro-économique est favorable. La disponibilité des crédits, surtout leur accessibilité pour ceux qui en ont pleinement besoin dans ce cas, les taux d'intérêt jouent évidemment un rôle déterminant, ainsi que les subventions et la fiscalité.

- Outre l'innovation et les conditions macro-économiques qui la permettent, d'autres grands facteurs interviennent dans la formation de la productivité. Elle s'explique en effet aussi par l'efficacité de la coordination entre les comportements économiques et sociaux. La théorie de régulation rend parfaitement compte de cela et nous en avons largement fait cas dans le chapitre IV concernant la théorie de régulation.

Il est utile de rappeler les conditions de fonctionnement des taxes et subventions sur la réaction des entreprises sur le plan économique en se basant sur l'approche néoclassique. Les économistes aiment utiliser les schémas (courbes) pour expliquer comment s'établissent les différents équilibres suivant les conditions économiques données, dans ce cas précis l'influence ou l'impact des taxes ou subventions sur les différents équilibres tant au niveau des firmes (individuelles) que sur l'ensemble de la branche est indiqué sur la figure 9.

Dans cet exemple, pour besoin compréhension (pour faciliter la compréhension), nous considérons que les montants de la subvention et de la taxe sont égaux.

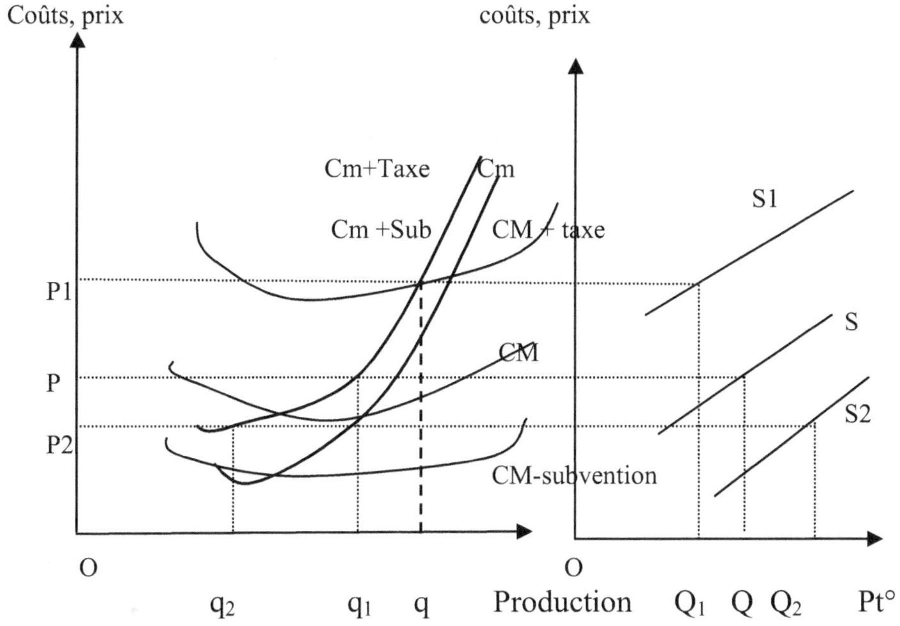

Figure 9 : l'influence d'une taxe ou d'une subvention sur la firme et la branche

Le point de départ est donc l'équilibre correspondant aux couples des prix et des quantités (p, q) pour une firme et (P, Q) pour la branche. Il correspond pour la firme au point minimum du coût moyen et à l'intersection avec le coût marginal et pour la branche à l'offre agrégée S.

Si on impose une taxe au produit, les courbes de coûts moyen et marginal vont être déplacées vers le haut. On obtient alors un nouvel équilibre de court terme pour la firme, pour lequel le prix p croise le nouveau coût marginal (Cm+Taxe), déterminant ainsi la nouvelle production q_1 de la firme. Le prix étant maintenant situé en dessous du nouveau coût moyen (CM+Taxe), un nouvel équilibre, de long terme celui-ci, s'établira par la sortie des firmes de la branche aux prix P et quantité Q_1 pour la branche et aux prix p_1 et quantité q pour la firme, ce qui implique automatiquement un déplacement de la courbe d'offre agrégée (de la branche) vers la gauche en S_1.

Par analogie, nous pouvons analyser les effets de la subvention comme suit : la courbe du coût marginal de la firme, subvention comprise s'élève dans la même position que celle de Cm+Taxe (si le montant absolu de la subvention est le même que celui de la taxe) dans la mesure où à une augmentation de la production de la firme correspond une réduction de la subvention, id est la même chose qu'une taxe, en revanche, le coût moyen diminue du fait de la subvention. L'équilibre de court terme de la firme est donc le même que dans le cas de la taxe, soit p, q_1. L'équilibre à long terme P_2, q_2 est différent : le prix étant désormais situé au-dessus du coût moyen, il y aura entrée de firmes dans la branche et par suite glissement de la courbe d'offre agrégée de la branche vers la droite en S_2.

Avec ce petit exemple nous constatons que les conditions essentielles et l'existence d'un climat institutionnel favorable à l'amélioration de la productivité et de la qualité du produit apparaissent donc de plus en plus comme un facteur déterminant de compétitivité à long terme.

C'est une leçon fondamentale pour les Etats ACP dans le cadre des APE où l'exigence du marché européen sur la qualité et les normes des produits ne sera pas négociable. Les produits y arrivant doivent nécessairement s'y adapter.

Dans cette logique, l'État doit pouvoir jouer ce rôle de création de climat favorable à la réalisation de ces objectifs fondamentaux. Ceci n'est pas étonnant avec la crise actuelle (d'abord financière qui a atteint l'économie réelle de plein fouet : c'est une conséquence de la spéculation financière ; mais ce n'est certainement pas l'objet de ce document. Même si dans l'évolution de l'économie capitaliste la crise économique a toujours été d'abord celle des finances) qui rappelle aux économistes que l'Etat a une place prépondérante dans la « gestion » de l'économie (la croissance globale de l'économie mondiale). Ceci concerne naturellement chaque économie, qu'elle soit développée, émergente, intermédiaire ou en voie de développement ou même complètement sous-développée.

La conférence du « G20 », le groupe des 20 pays les plus « avancés » à nos jours, même si certains ont été négligés, qui s'est tenue à Londres en août 2009 sur la régulation de la crise rappelle bien à chacun de nous (économistes ou pas) qu'il y a quelque chose d'important que les Etats doivent faire.

Certes les décisions qui ont être prises ou le consensus auquel ces derniers ont abouti n'engage pas obligatoirement toutes les économies du monde.

Il y a là une matière à discussion, peut-être est-il utile de penser à un livre pour lancer le débat, partant surtout de nos pays qui ne semblent avoir aucune importance au vu des décisions qui ont été prises, leur cas n'a été évoqué que de manière marginale (surtout en qui concerne les pays africains, malgré la présence du Président du Conseil de l'Union Africaine); sauf quand on a abordé les financements de certaines économies à travers les fonds du FMI qui a tout de même vu son budget être multiplié par *trois*. Il faut dire que les financements de ces institutions (y compris la Banque Mondiale) n'ont jamais été à la hauteur des besoins réels pour une véritable relance des économies des pays soumis à des conditionnalités plutôt bloquantes pour ces économies.

En revenant sur notre problème de compétitivité des filières, il importe de présenter un schéma (figure 10) qui présente les différentes implications des coûts, des politiques et leur interaction pour déterminer l'avantage compétitif d'une filière donnée dans le secteur agricole. Nous empruntons le schéma à Ph. Hugon. Ce schéma est en quelque sorte le résumé de l'ensemble des explications et des rôles des différents coûts dans la compétitivité des produits.

Figure 10 Analyse de l'avantage compétitif d'une filière dans le secteur agricole

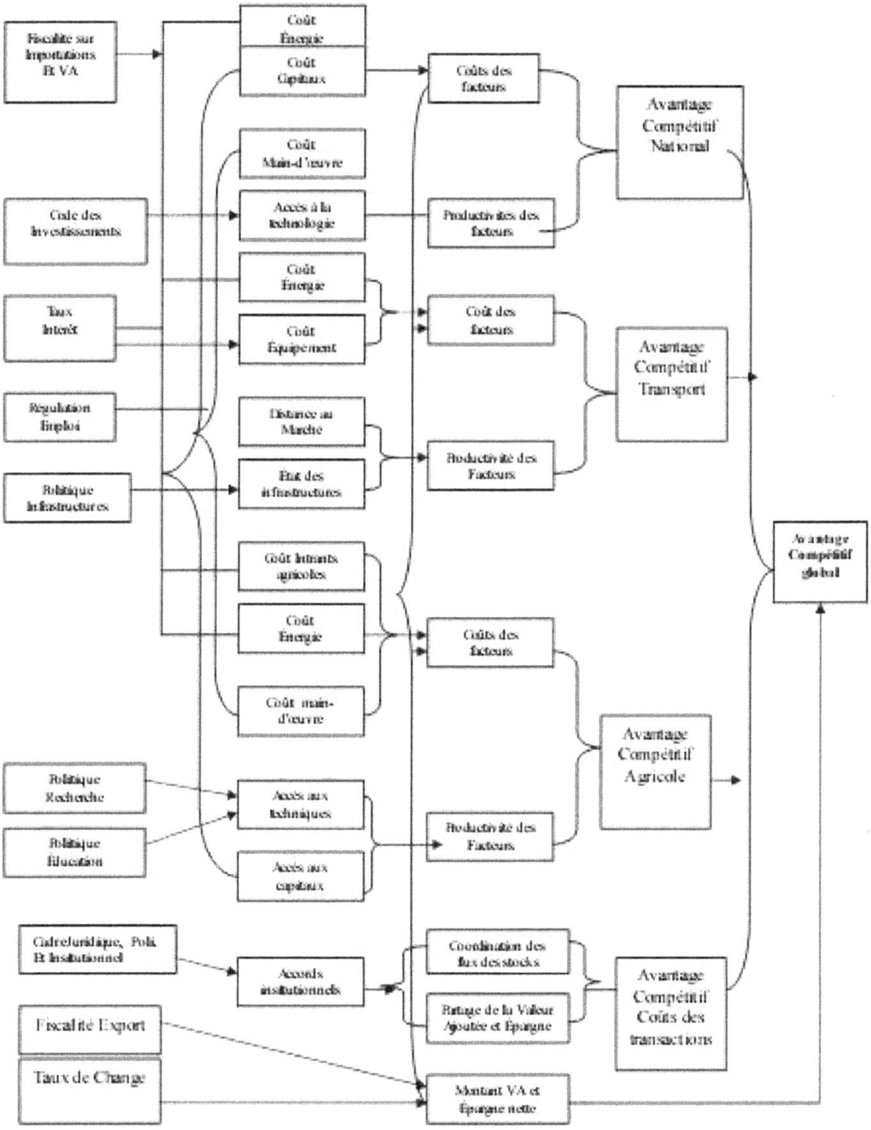

Chapitre VII
Approche Filière et analyse financière

Dans l'approche filière, l'analyse financière est le noyau central dans ce sens qu'elle permet de faire ressortir la contribution de la filière dans l'économie globale, en termes de création de richesses, d'appréciation de la valorisation des ressources productives et surtout de suivre la répartition de cette richesse créée qui permet de repérer des nœuds de valorisation efficace et ceux de faible valorisation ou même ceux contribuant de manière négative à la création de la richesse. On comprend dès lors, aisément, les possibilités d'utilisation de ces résultats aussi bien pour les individus que pour la politique nationale à travers l'Etat qui aura là un outil essentiel pour son intervention en fonction des objectifs qu'il se fixe (purement financiers de valorisation des ressources productives, ou socio-économiques avec probablement un accent sur l'amélioration des conditions de vie des maillons faibles, etc.…). La notion de création de richesse quant à elle est appréciée par la « Valeur Ajoutée », notion qui a été utilisée quelque fois dans les chapitres précédents.

Dans la présentation qui va suivre, nous donnerons des exemples dans le domaine agricole. Car il faut reconnaître que l'analyse des filières a surtout été utilisée par les économistes agricoles ou des économistes ruraux pour présenter la capacité de l'agriculture à contribuer à l'économie globale. Par ailleurs, cette approche est enseignée aux élèves-ingénieurs agronomes de la Faculté d'Agronomie et des Sciences Agricoles de l'Université de Dschang.

Dans ce chapitre nous empruntons certains éléments à Fabien Tallec et Louis Bockel[16].

VII.1. La valeur ajoutée

En termes de flux, indépendamment des opérations qui se déroulent à l'intérieur des frontières de l'agent considéré, au cours d'une période, le procès de production se caractérise par l'existence d'un flux d'intrants (input) et d'un flux de produits (output).

16 Fabien Tallec et louis Bockel, 2005, Approche Filière, *analyse financière*, Organisation des Nations Unies pour l'Alimentation et l'Agriculture, FAO décembre 2005 ; EASVPOL, *Ressources en Ligne pour l'élaboration des Politiques*

L'analyse des phénomènes économiques reposant sur un découpage du temps en périodes (les «exercices comptables», généralement sur une année, les campagnes agricoles qui peuvent parfois déborder une année) pour des raisons fiscales, juridiques et de commodité analytique. Par ailleurs, on identifie des biens et services pour les besoins de la cause et ces biens et services sont constitués des :

- facteurs de production qui sont totalement transformés et disparaissent («consommés») au cours du procès de production: ce sont les *consommations intermédiaires ;*
- facteurs de production qui ne sont que utilisés en partie («amortis») au cours d'une période, leur dégradation totale par le procès de production se faisant sur plusieurs années: ce sont les *investissements.*

Il est opportun de rappeler que les agents économiques utilisent des moyens de production qui sont appelés des ***facteurs de production*** (travail, capital et les facteurs naturels pour l'agriculture) pour transformer des biens et services existants appelés ***consommations intermédiaires*** (matières premières, produits semi-finis, produits finis et même les services incorporés) en productions nouvelles (produits nouveaux).

Souvent pour désigner l'ensemble des facteurs de production et des consommations intermédiaires entrant dans le procès de production, on utilise le terme générique intrants à l'opposé des produits ou extrants. C'est aussi possible d'utiliser les termes anglais input/output.

Ces données peuvent être représentées dans un schéma graphique pour une bonne vision :

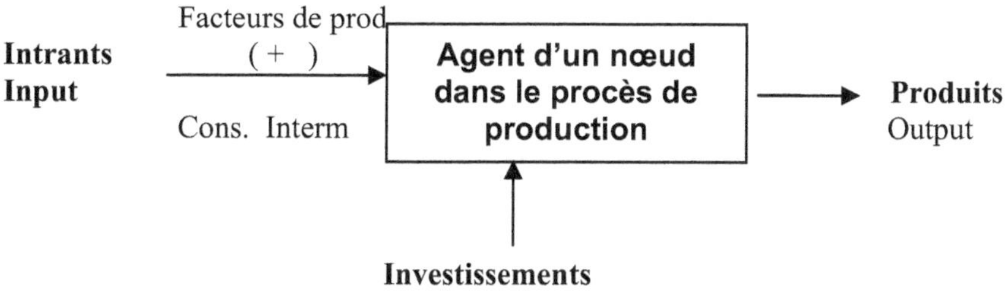

Figure 11 : les éléments entrant dans le procès de production

Pour déterminer la Valeur Ajoutée on procède au calcul suivant :

Soit **CI**, la valeur des consommations intermédiaires et **P** la valeur du produit, la différence entre le Produit et la valeur des consommations intermédiaires est ce qu'on appelle la valeur ajoutée de l'agent du nœud considéré.

Il s'agit de P-CI.

Il faut se rappeler qu'au cours d'une période comptable ou d'un exercice ou d'une campagne agricole, à la valeur des biens de départ qui ont été détruits s'ajoute une valeur pour donner un produit dont la valeur est supérieure à celles des biens de départ (les consommations intermédiaires) ; à travers le procès de production, appelé la transformation dans les chapitres précédents et c'est cet ajout qu'on appelle Valeur Ajoutée.

Rappelons-nous que dans l'approche filière le produit obtenu d'un agent peut être utilisé comme consommation intermédiaire dans le stade/nœud suivant.

La Valeur Ajoutée (**VA**) quant à elle est définie par l'équation:

VA = P – CI

La richesse nouvelle ainsi créée dans le cadre de l'activité de production n'est pas mesurée par la valeur brute du produit P mais, plus souvent, par cette valeur P diminuée des richesses qu'il a fallu détruire («consommer») pour la produire. La valeur ajoutée mesure la création de richesse, l'apport de l'activité de production prise en compte à la croissance de l'économie. C'est la raison pour laquelle, elle est au centre de toute étude économique s'intéressant au développement, et pas seulement à l'analyse des filières uniquement, même si elles sont très importantes pour elle.

L'utilisation du terme **«valeur»** peut être mal indiquée. En effet au niveau, du calcul de la valeur ajoutée on se base sur les prix de marché (la notion de valeur ajoutée incluse) et comme nous l'avions souligné, des distorsions importantes peuvent apparaître dans ces prix, surtout si la filière intègre le marché international.

Pour corriger cette distorsion on utilise plus souvent le **prix de référence** (coûts des ressources domestiques, prix économique, prix comptable, prix «réels», ou même les « shadow price » souvent inhérents aux modèles de programmation linéaire dual) pour établir les différents comptes des agents engagés dans le procès de production et la valeur ainsi calculée donne une meilleure représentation de la valeur économique réelle.

Il est important de signaler qu'il existe deux grandes catégories de prix de référence :

- *Les prix d'efficience* qui devraient traduire :

✓ pour les intrants utilisés, leur coût marginal de production ou leur coût d'opportunité ;

✓ pour les biens et services, leur coût d'opportunité ou la disposition à payer des consommateurs.

- *Les prix sociaux* qui devraient quant à eux intégrer :

✓ l'estimation de l'impact des revenus des différents agents sur la consommation et l'épargne ;

✓ les objectifs de la politique économique en matière de répartition des revenus (afin de favoriser l'épargne plutôt que la consommation.

Il faut cependant noter que le calcul des prix sociaux est très complexe et il est rarement utilisé dans les calculs couramment effectués.

D'une façon générale, l'estimation du prix de référence repose sur la notion de coût d'opportunité. Le coût d'opportunité d'un bien ou d'un service est mesuré par la valeur qu'il aurait dans sa meilleure utilisation alternative. Plus clairement, il est mesuré par le montant des avantages qu'il aurait apportés s'il n'était pas utilisé dans le cadre de l'activité concernée. Il faut dire que cette définition n'est pas toujours appliquée assez simplement. Pour l'économie nationale tout au moins, les échanges avec l'extérieur constituent une alternative systématique à la production ou consommation de la plupart des biens et services ; si les agents intérieurs au pays ne les produisaient pas ou ne les obtenaient pas, ils pourraient se tourner vers les marchés internationaux. C'est surtout pour ce fait que les prix internationaux expriment bien les coûts d'opportunité.

Dans cette logique, certains[17] retiennent :

- Comme prix de référence du flux considéré son prix de parité, id est le prix de l'alternative possible que constitue le recours à l'importation ou à l'exportation rendu (ou partant du) au même point géographique et sous la même forme ;
- Le taux de change de référence, id est le prix de référence de la monnaie nationale, pour convertir les prix internationaux en prix exprimés en monnaie nationale ;
- La valeur locale des facteurs de production et des consommations intermédiaires qui ne peuvent pas donner lieu à un échange international (exemple du salaire, de la terre...).

La valeur du produit final (pouvant être une matière première pour un autre stade) incorpore la valeur de tous les facteurs de production, comme indiqué ci-dessus, qui aura concouru à la production du produit. Donc, en plus de la valeur des consommations intermédiaires, comme nous l'avons souligné, elle tient compte des flux des dépenses liées :

- ➢ au travail ;
- ➢ aux frais financiers pour les emprunts dans le système bancaire ;
- ➢ aux taxes et impôts divers pour l'Etat.

---

17 **Commission Européenne**, 1997, « Manuel - 'Analyse Financière et Economique des divers projets de développement », Luxembourg : Office des publications officielles des communautés européennes

En intégrant ces dépenses, on est entrain d'évoluer vers la rémunération des facteurs de production ou de la répartition de la richesse créée. Il s'agit là de la détermination du **Résultat Brut d'Exploitation** (RBE) qu'on représente sur le graphique de la figure 12 suivant de la même manière que nous l'avons indiqué pour la valeur ajoutée. Il faut se rappeler que nous sommes entrain d'évoluer dans l'établissement des différentes entités des comptes des agents.

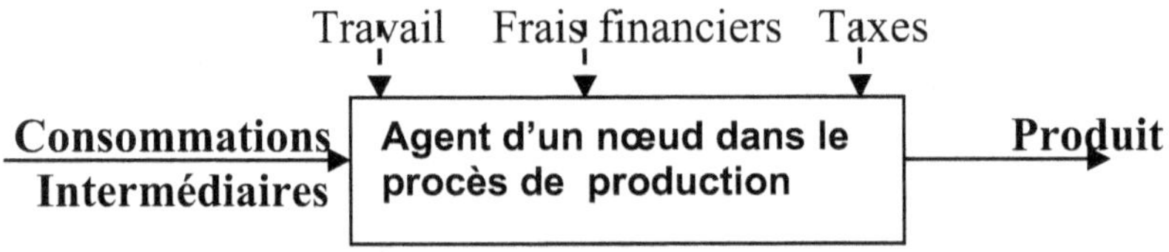

Figure 12 : représentation graphique du Résultat Brut d'Exploitation

Ainsi on détermine le Résultat Brut d'Exploitation (RBE) en soustrayant à la Valeur Ajoutée tous les flux des dépenses dont nous avons fait mention.

En d'autres termes, le RBE représente le profit d'exploitation, déduction faite de la valeur de la production de toutes les charges d'exploitation de l'exercice ou de la campagne agricole. Il s'agit donc de déduire les dépenses liées aux facteurs de production et aux consommations intermédiaires.

La formule mathématique du RBE est la suivante :

RBE = VA – (Valeur de travail + frais financiers + taxes diverses)

Il faut signaler que le RBE est le profit de l'entreprise ; et dans le cas d'une entreprise agricole individuelle ou familiale, il rémunère le travail de la famille, sa gestion, le capital qu'il a dû investir et aussi son génie.

Dans le cas des entreprises et des exploitations individuelles ou familiales, il existe deux types de rémunération du travail:

➢ les salaires, les indemnités, les avantages divers en nature et éventuellement, les charges sociales versées aux personnels; ce type de rémunération sera dénommé «rémunération du personnel» quel que soit le statut du personnel employé.

- le profit (RBE) qui rémunère le travail directement productif de l'exploitant (et de sa famille), sa gestion, ses capitaux investis et «son génie».

Ainsi, on peut réécrire la valeur ajoutée de la manière suivante :

VA = rémunération du personnel + frais financiers + taxes + RBE

Elle intègre ainsi les quatre éléments essentiels de la comptabilité:

- la rémunération du personnel,
- les frais financiers pour le système bancaire,
- les taxes et impôts pour l'Etat,
- le solde, appelé RBE, représentant le profit (ou la perte s'il est négatif) d'exploitation.

Nous n'avons pas oublié que dans le procès de production, quelle que soit la forme de l'entreprise, les investissements auront contribué de manière significative dans la constitution du produit final de l'agent pris en considération. Il faut dire que ces investissements sont souvent réalisés antérieurement au procès de production mais effectivement consommés au cours de l'exercice en question (pas dans sa totalité). C'est pourquoi les comptables ont trouvé une formule pour tenir compte de cette portion effectivement utilisée dans le procès de production. Une valeur théorique est donnée à cet usage annuel, souvent sur une base linéaire, en considérant la durée de vie aussi théorique. La valeur de l'usure est donc égale à la valeur totale de l'investissement divisée par la durée de vie théorique. Et cette valeur est appelée **amortissement**. On parle de valeur théorique parce qu'en réalité l'investissement est le plus souvent utilisé bien au-delà de sa durée de vie qu'on lui attribue. C'est la raison pour laquelle en fin de la période d'amortissement on évalue quand même cet investissement et il est valorisé en termes de plus-value. En réalité il existe trois méthodes principales pour faire le calcul des amortissements :

- l'amortissement linéaire tel que nous l'avons indiqué est le rapport entre le coût initial de l'investissement sur la durée de vie, id est le nombre d'années d'utilisation ;

- l'amortissement dégressif, dont la forme la plus usuelle est la dépréciation à taux constant, le produit de la valeur résiduelle par le coefficient de dépréciation et

- l'amortissement par unité produite, qui se calcule au prorata de l'utilisation effective de l'équipement : l'amortissement est égale au nombre d'unités produites multiplier par le rapport coût d'équipement/capacité de production.

Il faut savoir que la nature de l'activité des investissements conduit à opter pour l'une ou l'autre méthode de calcul ; par unité produite quand l'usure est le facteur principal de la perte de valeur de l'équipement (le kilométrage pour les véhicules), de façon dégressive quand les progrès techniques entraînent une obsolescence rapide des matériels (le cas de la technologie de l'informatique : les ordinateurs) , linéaire quand la perte de valeur peut être considérée comme uniforme dans le temps (un bâtiment ou un hangar) ou dans tous les autres cas pour simplifier le calcul.

En tant que mesure de la consommation d'un facteur de production utilisé, l'amortissement est un élément de la valeur du produit, mais il n'en est pas un élément courant faisant partie des flux effectifs de chaque exercice. C'est pour cela qu'il intervient souvent en fin des calculs pour faire la différence entre une valeur brute et la valeur nette d'amortissement. Ce faisant, on appelle le Résultat Net d'Exploitation (RNE) le solde du RBE diminué de la valeur de l'amortissement, c'est-à-dire :

RNE = RBE – **amortissement**

Le RBE exprime, comme on l'a signalé, le profit (ou la perte s'il est négatif) économique de l'agent une fois dégagées toutes les charges d'exploitation courantes.

Et le RNE donne quant à lui le profit (ou la perte) économique en tenant compte des investissements que l'agent a réalisé, id est une immobilisation des ressources qui est consommée progressivement, au fur et à mesure des campagnes agricoles ou des exercices comptables.

Nous pouvons toujours représenter sur le plan graphique (figure 13) tous les éléments concourant à la détermination du RNE qui finalement rémunère l'ensemble des moyens de production et des consommations intermédiaires (y compris les investissements).

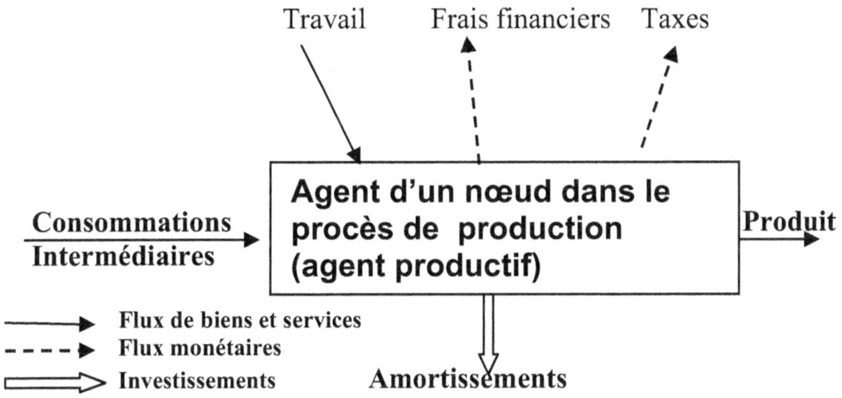

Figure 13 : Eléments concourant à la détermination du RNE

D'après ce qui est présenté dans les différents paragraphes précédents, nous nous rendons compte que le RNE apparaît comme la mesure de l'enrichissement des agents économiques, entreprises ou exploitations familiales (pris individuellement) et la valeur ajoutée donne la mesure de la création de la richesse d'un pays, dans son ensemble, étant représentée par la somme des rémunérations des travaux, des frais financiers et des taxes, en plus du profit net de l'agent. C'est en principe l'agrégation de l'ensemble des valeurs Ajoutées des différentes activités économiques des agents qui forme la richesse globale du pays, on parle du Produit Intérieur Brut ou avec quelques nuances le Produit National Brut. C'est dans le calcul de la Valeur ajoutée qu'on fait cette différenciation. La valeur ajoutée intérieure (ou domestique) et la valeur ajoutée nationale ; la première ne tient pas compte de la nationalité des agents à qui sont distribués les revenus (elle inclut aussi bien les salaires de nationaux que d'expatriés, les dividendes versés à des détenteurs nationaux ou étrangers du capital de l'entreprise,...), tandis que la seconde ne retient que les revenus versés aux agents nationaux.

On sait aussi, par ailleurs, que la Valeur Ajoutée n'est pas seulement une forme d'enrichissement, mais aussi et surtout une forme de représentation de la distribution des revenus aux quatre agents fondamentaux de l'économie nationale: les ménages (auxquels échoit la rémunération du travail), les institutions financières (frais financiers), les administrations (taxes et impôts) et les entreprises non financières (RBE ou RNE).

De la même manière qu'on a parlé des Résultats nets et bruts on parlera de la valeur ajoutée *brute* et *nette* selon qu'on tienne compte ou non de la valeur de l'amortissement

Après avoir clairement défini les différents soldes auxquels on aboutit dans les différents calculs qu'on peut faire pour les comptes des agents, on peut maintenant passer à la présentation même de ces différents comptes pour une bonne maîtrise de la démarche.

VII.2. Le compte de production-exploitation

VII.2.1 Le compte de production

Le compte de production permet de calculer la valeur ajoutée. Il retrace les opérations sur biens et services (qui correspondent aux flux de consommations intermédiaires et de produits). Les ressources de ces comptes sont appelées «**produits**» et les emplois «**charges**».

En ce qui concerne les «produits», il convient de se livrer chaque fois à deux ajustements: d'abord corriger la valeur des encaissements des ventes par celles des livraisons effectives et ensuite corriger les flux de livraison par la variation des stocks de produit pour obtenir la production de l'exercice considéré.

Les «charges» sont les coûts des consommations intermédiaires effectivement utilisées au cours de l'exercice. Ici encore, ce sont les opérations productives que l'on cherche à représenter, aussi des ajustements similaires à ceux présentés pour les produits doivent être effectués pour les règlements financiers et les variations de stocks afin d'estimer les consommations effectives de facteurs de production.

Ces ajustements peuvent faire varier les données de façon importante dans le cas des entreprises liées à la production agricole pour laquelle les commandes d'intrants tendent à faire apparaître un décalage entre les périodes de préparation des campagnes agricoles, les campagnes agricoles elles-mêmes, le temps de la commercialisation et les exercices comptables officiellement présentés.

La représentation visuelle d'un compte de production pour un agent économique est indiquée dans le tableau 2.

Tableau 2 : Compte de production d'un agent

CHARGES	PRODUITS
• **Stocks en début d'exercice** • **Consommations intermédiaires** ✓ Achats de matière 1ères et marchandises ✓ Travaux, fournitures et services ✓ Frais divers de gestion **Solde : Valeur Ajouté Brute** VA brute – Amortissement = VA nette	• **Stocks en fin d'exercice** • **Ventes** : ✓ Marchandises et produits finis, ✓ Déchets et sous-produits • **Travaux faits par l'entreprise par elle-même**
TOTAL	**TOTAL**

Le solde obtenu, comme cela est indiqué sur le tableau est la **valeur ajoutée brute** de l'agent.

Il suffit de soustraire de cette valeur ajoutée la valeur de l'amortissement pour obtenir la valeur ajoutée nette.

VII.2.2. Le compte d'exploitation

Il s'agit du compte des répartitions de la valeur ajoutée ou de la richesse créée, s'opérant à l'occasion de l'activité de production de l'agent. Il met en évidence la ventilation de la valeur ajoutée entre les différents intervenants au compte de l'agent.

Il part du solde dégagé par le compte de production (en «ressources») auquel sont ajoutées les subventions d'exploitation éventuellement reçues par l'agent. Les «emplois», eux, indiquent la répartition de l'ensemble de ces revenus entre les différents agents ayant participé à l'activité productive (tableau 3).

Tableau 3: le compte de l'exploitation

EMPLOIS	RESSOURCES
• **Rémunération du personnel** (salaires et charges sociales éventuellement) • **Frais financiers** (assurances, intérêts) • **Impôts et taxes** **Solde : Résultat Brut d'Exploitation** ✓ Travaux, fournitures et services ✓ Frais divers de gestion RBE – Amortissement = RNE	• **Valeur Ajoutée Brute** • **Subventions d'exploitations, indemnités pour sinistres**
TOTAL	**TOTAL**

Avec ces deux comptes, nous avons tous les éléments pour faire les analyses nécessaires et utiles pour une filière donnée.

VII.2.3. Le compte de production-exploitation

Il récapitule les opérations et les résultats économiques d'un agent productif au cours d'un exercice. On l'obtient en fusionnant le compte de production et le compte d'exploitation. Ainsi que les indemnités d'assurance et les aides de l'Etat aux exploitations sinistrées éventuellement.

Il s'agit tout simplement de la fusion des deux comptes qui ont été établis pour une meilleure visibilité ; la valeur Ajoutée créée est tout simplement repartie dans le même tableau. Il est en **ressources/emplois** (tableau 4).

Tableau 4 : le compte production-exploitation

CHARGES	PRODUITS
• Stocks en début d'exercice • Consommations intermédiaires ✓ Achats de matière et marchandise ✓ Travaux, fournitures et services ✓ Frais divers de gestion Solde : Valeur Ajouté Brute • Rémunération du personnel (salaires et charges sociales éventuellement) • Frais financiers (assurances, intérêts) • Impôts et taxes • Résultat Brut d'Exploitation (profit) dont l'amortissement Résultat Net d'exploitation (profit net d'amortissement)	• Stocks en fin d'exercice • Vente : ✓ Marchandises et produits finis, ✓ Déchets et sous-produits • Travaux faits par l'entreprise par elle-même • Subventions d'exploitations, indemnités pour sinistres
TOTAL	TOTAL

Toutes les explications sur la répartition du tableau précédent ont déjà été données dans la partie VII.2.2 à la page 128.

VII.2.4. Le compte consolidé de la filière

Les comptes des différents agents se trouvant aux différents niveaux de transformation suivant le découpage qui est fait de la filière (ou le segment de filière) peuvent être agrégés en un compte unique de l'ensemble de la filière ; il s'agit là de la consolidation des comptes.

La consolidation des comptes de plusieurs agents consiste donc à établir un compte unique pour l'ensemble de la filière (constituée par tous les agents dont les comptes ont été établis) dont le solde constitue le compte consolidé. Pour ce faire, on ne prend en compte que les flux d'échanges entre tous ces agents, d'une part, et le reste de l'économie (nationale ou internationale), de l'autre. Les transferts internes entre les agents appartenant à la filière sont éliminés (de fait).

Les transferts sont, par définition, des flux qui ne correspondent à aucune production ou consommation réelle de ressources. N'ayant aucune incidence sur le revenu de la filière, ils ne doivent pas apparaître dans le compte global (consolidé) de la filière ou par extrapolation pour la collectivité.

En pratique on élimine ces transferts[18]:

- Par annulation des postes de transfert qui apparaissent explicitement dans le compte consolidé :

✓ les taxes et subventions versées à, ou par, l'Etat et qui apparaissent dans le compte consolidé, id est celles qui sont versées aux agents directement impliqués, ou par eux ;

✓ les redevances éventuelles versées aux services d'encadrement ou de développement par les structures de péréquation et de stabilisation (qui sont des transferts financiers) ;

✓ les flux financiers liés aux opérations d'emprunt et de crédit : versement du montant emprunté, service de la dette (intérêt), les effets à payer et à recevoir, etc..... Mais quand il s'agit de l'ensemble de l'économie nationale, les flux financiers en devises ne doivent pas être éliminés car, pour l'économie en question, ils correspondent à un emploi effectif de ressources rares présentant un coût d'opportunité et non des simples transferts internes.

18 Commission européenne op cit.

- Par substitution du coût total réel (prix effectivement payé + subventions) des intrants subventionnés en amont. En utilisant par exemple le prix international, aucune subvention n'apparaît et donc l'ajustement ci-dessus n'est pas nécessaire.

Il existe en principe deux types de transferts : les transferts directs et les transferts indirects. Dans la consolidation que nous présentons, seuls les transferts directs (ceux qui ont été présentés plus haut) sont éliminés.

Pour votre gouverne, les transferts indirects correspondent aux analyses que l'économiste fait sur les flux entre les agents. Si on prend le cas de la filière coton au Cameroun, il y a transfert indirect :

- quand le prix pratiqué s'écarte de la valeur d'opportunité du coton ou de sa valeur marginale de production ou même de sa valeur d'usage ;

- quand l'étude de la formation de prix et de la répartition de la valeur ajoutée fait apparaître des transferts qu'on peut qualifier « d'implicites » par lesquels, par exemple le bas prix d'achat au producteur se traduit par le gonflement de la marge de la Sodecoton.

En résumé donc il est possible de faire la somme des comptes de tous les agents concernés par la filière en dressant le compte d'un agent « théorique » dont les limites ou la frontière engloberait tous les agents. En réalité l'opération de consolidation consiste tout simplement à :

- inclure dans un seul tableau l'ensemble des flux des intrants et des produits enregistrés dans les comptes individuels des agents ;
- en éliminant les flux correspondant aux transferts entre les agents en question.

Le compte consolidé ainsi obtenu a la forme habituelle des comptes de production-exploitation. Les soldes qui sont la Valeur Ajoutée et le Résultat d'Exploitation de cet ensemble sont donc égaux à la somme des soldes correspondant des agents pris individuellement.

Après cette présentation, on peut estimer que le lecteur est assez outillé pour aborder la consolidation des comptes pour l'analyse de la filière prise en considération.

Le principe de la consolidation peut être schématiquement comme l'indique la figure 14. On présente une filière agricole très simple composée de trois agents successifs, comme suit:

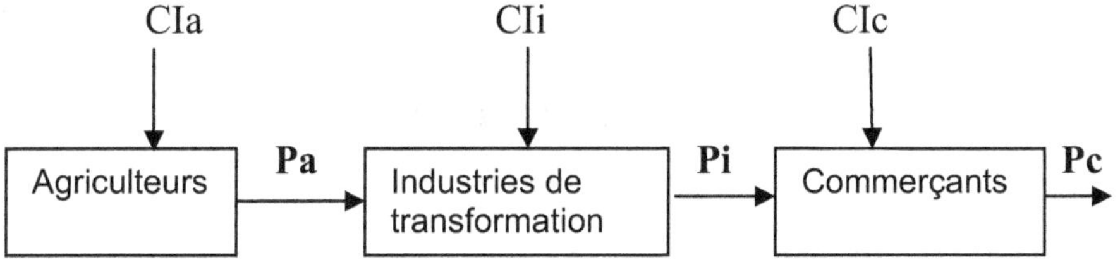

Figure 14 : ***exemple d'une filière en trois agents***

CI = les Consommations intermédiaires «hors filière», c'est-à-dire hormis le produit constituant la filière :

CIa, consommations intermédiaires de l'agriculture ;

CIi, consommations intermédiaires de l'industrie de transformation et

CIc, les consommations intermédiaires du commerçant.

Les différents comptes de production de ces agents sont donc respectivement les suivants (tableau 5):

Tableau 5 : comptes de production des trois agents

CI a	Pa	Pa CIi	Pi	Pi CIc	Pc
VAa		**VAi**		**VAc**	

Le compte consolidé est alors la somme des comptes des trois principaux agents de la filière agricole en question après l'élimination des éléments qui s'annulent du fait de leur présence en «produits» (d'un agent en amont dans la filière) et en «charges» (d'un autre agent en aval). Les produits sortis du procès de production des agriculteurs sont utilisés comme matières premières pour les industries de transformation donc en « charges » et les produits obtenus après transformation se retrouvent en stock de début d'exercice pour les commerçants qui les auront achetés et deviennent donc des charges pour ces derniers.

Tableau 5' : comptes de production des trois agents

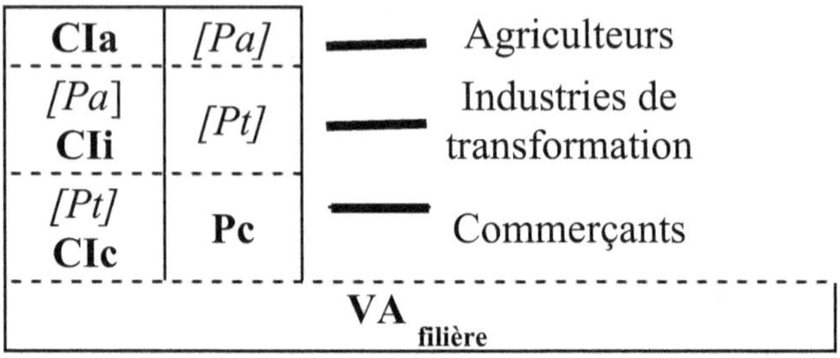

On peut alors matérialiser les différentes entités qui vont s'annuler mutuellement en les mettant entre crochets, de sorte que le compte de production final de notre agent théorique qui est le compte de la filière se résume à:

Tableau 6 : compte consolidé de la filière agricole considérée

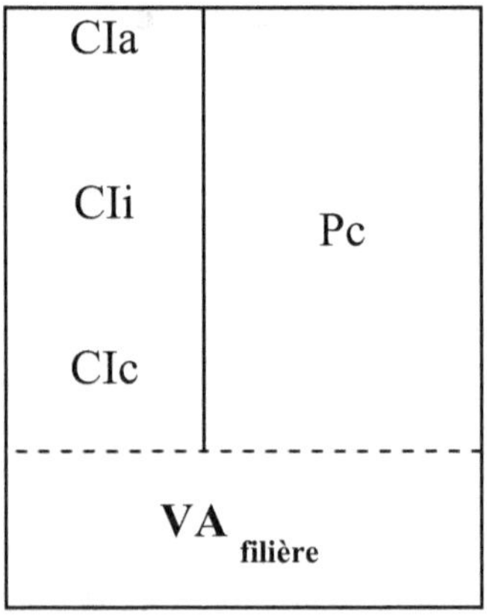

Il faut rappeler que si une partie (Pa') de la production des agriculteurs ou des industries de transformation (Pi') «sort» de la filière (par exportation ou vente locale à la consommation finale), la valeur de cette production réalisée doit être prise en compte dans le produit du compte de l'agent théorique (la filière) et doit ainsi figurer dans la colonne produit du compte consolidé et le montant à ce moment serait donc égal à:

$$Pa' + Pt' + Pc$$

La valeur ajoutée de l'ensemble de la filière se calcule comme le solde entre le produit de la filière et les consommations intermédiaires. Ainsi la Valeur Ajoutée qui est le solde du compte de production de la « filière » est donnée par la formule suivante, qui nous rappelle l'équation de la VA telle qu'elle a été présentée:

$$\mathbf{VA}_{\text{filière}} = \mathbf{P}_{\text{filière}} - \mathbf{CI}_{\text{filière}}$$

Comme nous l'avons indiqué plus haut, nous pouvons aussi faire la somme des comptes individuels des trois agents de notre filière. Ainsi la valeur ajoutée de la « filière » est la somme algébrique des valeurs ajoutées par chacun des agents de la filière:

$$\mathbf{VA}_{\text{filière}} = \Sigma\, \mathbf{VA}_{\text{agents}}$$

Le compte d'exploitation consolidé se calcule essentiellement en additionnant les différents éléments de distribution de revenus contenus dans les comptes d'exploitation de tous les agents de la filière: somme des rémunérations de personnel, somme des frais financiers, somme des taxes et impôts payés et somme des résultats bruts d'exploitation et en valorisant l'investissement, id est en ressortant les amortissements des niveaux respectifs de la production, nous allons avoir le Résultat net d'exploitation de la filière de la même manière que la valeur ajoutée :

$$\mathbf{RNE}_{\text{filière}} = \Sigma\, \mathbf{RNE}_{\text{agents}}$$

Il est utile, pour une bonne assimilation, surtout pour les étudiants, de faire une représentation physique de ce que nous avons développé en termes de comptes et aussi de la consolidation.

La figure 15 présente ce graphique qui donne l'enchainement des différents comptes au niveau de la filière et surtout la répartition de la richesse créée.

On se rend compte que les charges du compte consolidé correspondent,

- soit à des consommations intermédiaires ;
- soit à des distributions de revenus qui sont repartis de la manière suivante :

✓ aux ménages en ce qui concerne les rémunérations du travail et des résultats d'exploitation pour les entreprises familiales ;

✓ aux institutions financières pour les frais financiers et les assurances ;

✓ à l'Etat pour les taxes et impôts payés et aux entreprises pour les résultats d'exploitation.

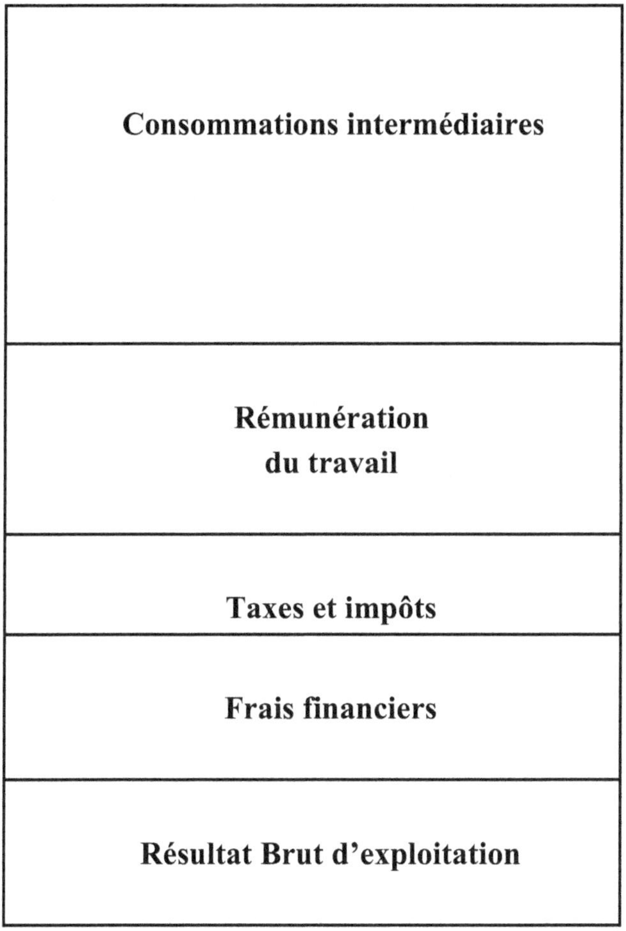

Figure 15 : Représentation physique du compte d'exploitation dont le solde est le RBE

Après cette présentation des différents comptes, nous pensons que le lecteur est assez édifié et outillé pour pouvoir établir les différents comptes pour en déterminer le compte consolidé de la filière qui permettra de faire toutes les analyses possibles pour la filière en question en termes d'efficacité, d'efficience, de rentabilité, de formation de prix, etc. Nous y reviendrons dans les paragraphes suivants ; mais avant d'y arriver nous présenterons très brièvement la manière dont on procède pour faire les différents calculs pour ceux qui aborderaient la problématique des calculs des comptes pour la première fois.

VII.3. Comment procéder pour les différents calculs

VII.3.1. Etablissement des comptes de chaque agent

On reconstitue les comptes de production-exploitation de chaque agent de la filière. Cela implique de se livrer à diverses recherches bibliographiques et des enquêtes chaque fois que l'on a affaire à des agents sans comptabilité ou que les comptes fournis ne permettent pas de reconstituer de manière assez claire les informations nécessaires. Ainsi, il sera question des exercices pour chaque agent identifié dans le cadre du découpage fait de la filière en fonction de la limite prise en considération. On est ainsi amené :

- à l'établissement de la valeur de la production («chiffre d'affaires») ;
- au calcul des coûts des consommations intermédiaires ;
- au calcul des salaires versés, des frais financiers et des taxes et impôts payés ;
- au calcul des amortissements annuels.

Les différents soldes sont alors calculés tel qu'il a été présenté dans les paragraphes précédents. Il faut rappeler que ces soldes sont bien évidemment la valeur ajoutée pour le compte de production et le Résultat Brut d'Exploitation pour le compte d'exploitation et on arrive au résultat net en déduisant l'amortissement.

Quand on analyse des filières agricoles dans nos pays, on est souvent confronté à un certain nombre de difficultés dont celle de la valorisation de la production agricole se pose dès lors que cette production ne donne pas lieu à d'échange monétaire (autoconsommation des produits vivriers) ou donne lieu à des transactions mal connues en volume et en prix (petite commercialisation locale, ventes des produits tout au long de l'année,...). La première difficulté peut être contournée en multipliant les estimations physiques des flux par les prix du marché. La deuxième série de difficultés est plus complexe certes mais peut être contournée en ayant une présence effective ou un suivi rapproché au niveau de l'exploitation pour une période relativement longue pour avoir une estimation proche de la réalité ; c'est le prix à payer pour un travail séreux.

Par ailleurs, il est primordial de réconcilier les comptes de chaque agent avec les processus physiques de la production de la filière, en particulier le rythme des approvisionnements et livraisons dues au déroulement des campagnes agricoles («le calendrier agricole»). Nous connaissons les différents décalages entre les besoins de production efficace et le système d'approvisionnement en divers intrants de l'économie agricole dans nos pays en développement.

Une autre difficulté c'est le décalage entre les différentes périodes à prendre en compte pour les différents agents de la filière. L'unité de temps réel de la filière agricole est la campagne qui débute avec la mise en place des intrants et prend fin avec la vente du produit. Celle-ci s'étend sur plusieurs mois, parfois plus d'un an alors que la période de calcul pour les entreprises est l'exercice comptable et pour besoin d'uniformisation dans les différentes économies, cet exercice est pour l'essentiel ou la quasi-totalité des entreprises calé à l'année civile (commençant le 1er janvier et prenant fin le 31 décembre).

En pratique, on ne calcule que la somme des résultats bruts d'exploitation "homogènes", c'est-à-dire des RBE d'agents de nature équivalentes (entreprises "modernes", du secteur informel, des paysans,...) sans se livrer à des additions dont l'interprétation économique serait difficile (par exemple, en additionnant les RBE des unités de production paysannes familiales et ceux d'unités industrielles).

On peut finalement arriver à avoir que le compte des paysans est, par définition, un compte de campagne, tandis que pour les organismes d'approvisionnement en intrants ou les unités de transformation (unités d'égrenage, de trituration,…), la campagne se trouve à cheval sur plusieurs exercices comptables.

Le principe général pour mieux fonctionner est de tenir compte uniquement les flux de production, en quantités physiques et en valeur, relatifs à une campagne et d'établir le compte correspondant *au prorata.*

Cette solution générale au prorata peut éventuellement être améliorée grâce à des informations plus précises collectées sur place avec cette présence auprès des exploitants agricoles et aussi les différents autres agents de la filière. .

Il faut signaler, par ailleurs, que pour les agents qui se livrent à d'autres activités indépendantes de la filière, il faut arriver à isoler le compte qui concerne uniquement la filière que l'on veut étudier.

VII.3.2. Etablissement du compte consolidé de la filière

Le compte de production-exploitation consolidé de l'ensemble de la filière présente la structure classique d'un compte de production-exploitation:

- **consommations intermédiaires**: constituées par l'ensemble des consommations intermédiaires qui ne proviennent pas d'un agent de la filière,
- **produit**: constitué par les flux du bien livré sur le marché de consommation finale ou le marché intermédiaire retenu comme «limite aval» de la filière ou du segment de filière choisi, auxquels s'ajoutent les flux de produits accessoires (produits «fatals», sous-produits,...)
- **valeur ajoutée**: calculée par différence entre les valeurs des deux éléments précédents ou bien par addition des valeurs ajoutées par chacun des agents constituant la filière, elle se ventile elle-même en revenus pour les autres agents fondamentaux:

1. rémunération du personnel,
2. frais financiers,
3. taxes et impôts,
4. solde (résultat brut d'exploitation).

Il faut se rappeler que dans la figure 15 qui représente le compte consolidé de la filière c'est plus la répartition de la richesse qui est présentée plutôt que le Résultat Brut d'Exploitation dans sa globalité. C'est donc l'éclatement en rémunérations des différents intervenants de la filière qui est souvent présenté.

VII.4. l'analyse financière de la filière

Comme nous l'avons indiqué, l'analyse financière de la filière (ou du segment délimité) se fait à partir des comptes individuels de l'agent et du compte consolidé de l'ensemble. Elle a pour objet de mettre en évidence d'une part, «l'équilibre général du système» de production qu'est la filière dans sa globalité et, d'autre part, les interdépendances entre le revenu des paysans (et autres types d'exploitations agricoles), et celui des autres intervenants dans la filière, le bilan pour l'Etat, les contraintes extérieures et les transferts réalisés par le biais de l'intervention de l'Etat (fixation des prix de certains facteurs ou le prix de vente de certains produits).

VII.4.1 La rentabilité financière des activités de la filière

Le premier résultat de l'analyse de filière est de fournir les comptes de production-exploitation des différents agents de la filière et dans ce cas les questions qu'on est en droit de se poser sont les suivantes :

- L'activité dégage-t-elle un excédent? Avec ou sans subventions?
- Cet excédent est-il suffisant pour que l'activité puisse se reproduire? Entretien, renouvellement du matériel et des immobilisations, capacités à faire face aux charges financières actuelles et à venir ?
- Rapporté à l'investissement initial, cet excédent fait-il apparaître une rentabilité considérée comme suffisante, normale, faible, … ?
- En termes dynamiques, la situation s'améliore-t-elle ou se dégrade-t-elle?

Tous ces calculs, il faut le noter, sont tous conditionnées par l'existence ou l'absence des séries suffisamment longues des données comptables.

Il est primordial de se soucier des conditions de reproduction de l'activité de l'agent: estimation du capital fixe dont il dispose, amortissement annuel, évolution des techniques et des conditions économiques de renouvellement des investissements sont alors au cœur des discussions. L'activité se reproduit-elle à l'identique au moins pour pouvoir ne serait-ce que continuer à exister si non va-t-elle au-delà ?

VII.4.2 Efficacité globale de la filière

L'efficacité économique de la filière est une notion plus composite que celle de rentabilité d'un investissement ou de productivité d'un facteur de production. Elle peut être fondée sur les comparaisons des coûts nécessaires pour la fabrication d'une unité de produit. Mais le critère du coût financier se révèle limité et insuffisant pour expliquer la dynamique de l'activité, en réalité d'autres critères économiques sont nécessaires.

Ces critères peuvent être de simples ratios ou formules comparant les coûts d'une filière nationale avec le prix international, avec les coûts des filières de même nature dans d'autres pays, avec ceux d'autres filières du même pays,…

Toutefois, deux notions liées apparaissent essentielles: les revenus distribués et la valeur ajoutée créée. Au stade de l'analyse financière, c'est autour de ces notions que seront développées les analyses d'efficacité les plus caractéristiques de l'étude des filières.

Dans un premier temps on est amené à:

- déterminer les revenus distribués: quels agents reçoivent quels montants (absolus et relatifs) pour leur participation aux activités de la filière? Et pour quel «apport» au processus global de production de la filière? Pour quel apport dans la création de richesse?

- apprécier le montant de la valeur ajoutée pour l'ensemble de la filière: crée-t-elle une valeur ajoutée positive? Dans l'affirmative, l'activité économique en question crée nominalement de la richesse; dans la négative, elle est au contraire consommatrice de richesses et donc facteur d'appauvrissement.

- Se demander comment cette valeur ajoutée est-elle créée? Par quels agents? Quels sont les agents qui produisent le plus, et ceux qui n'en produisent qu'une négative?

Il est fondamental et essentiel de faire la comparaison de la filière étudiée avec celles du reste de l'économie ou avec les filières similaires dans d'autres pays (économies) dans l'optique de la compétitivité sur le marché international. Comme nous l'avons signalé, la signature des accords (APE) avec les pays européens impose aux différents pays d'Afrique, disons aux pays ACP, de faire obligatoirement des analyses des filières de l'ensemble des produits concernés par l'accord pour apprécier leur capacité à se maintenir sur le marché européen. Ceci doit être fait en urgence pour le Cameroun qui a déjà signé les accords.

Le premier type de comparaison apporte des informations lorsque les politiques en jeu impliquent des décisions importantes en matière d'investissements et d'un besoin de planification.

Un autre aspect de l'analyse des filières réside dans la prise en compte possible de l'articulation entre les résultats économiques et ce qu'il est convenu d'appeler la «réponse paysanne» aux incitations et aux projets mis en œuvre. Par le biais des simulations, les intérêts et risques encourus par les paysans apparaissent, révélant ainsi certains aspects des stratégies qu'ils mettent (ou peuvent mettre) en œuvre. Il est possible de se poser la question des alternatives possibles et de leurs conséquences économiques.

VII.4.3. Formation des prix

Directement liée à la répartition de la valeur ajoutée entre les agents, l'étude de la formation des prix tout au long de la filière est tout aussi importante, d'une part parce qu'elle fait l'objet d'analyses fréquentes, d'autre part parce qu'elle renvoie à divers courants de pensée économique et aux calculs qui en découlent. Parmi les questions essentielles que les économies doivent se posent nous pouvons signaler celles ayant trait aux aspects suivants :

- Quels sont les arbitrages et les transferts implicites que comportent l'application des prix centralement fixés et les autres conditions institutionnelles de déroulement de l'activité? Quel est l'impact de la structure des incitations? Quels sont les volumes financiers directement concernés?

- Que le segment de la filière est-il en mesure au moins de se reproduire à l'identique?

- Qui amortit en récupérant les marges positives ou négatives des variations des cours internationaux? A travers quels mécanismes?
- Quel est l'impact de certaines politiques sur les transferts?

VII.4.4. L'analyse des transferts ou valorisation des ressources productives

Les principaux résultats obtenus mesurent l'impact de la filière sur chacun des agents (résultat d'exploitation), sur la croissance (valeur ajoutée globale créée), sur la distribution de revenus par catégorie d'agents et, le cas échéant, sur les échanges extérieurs (par le biais des importations directes de consommation intermédiaires par les agents de la filière et/ou par le biais des exportations de produit).

Sur la base de ces éléments et des résultats de l'analyse de la formation du prix, l'économiste peut mettre en lumière les arbitrages implicites de la politique économique en faisant apparaître les transferts qu'ils impliquent entre les agents. Un exemple simple de ce type de mécanisme est celui des prix au producteur maintenus bas, qui, tout en ne permettant pas une rémunération satisfaisante du travail des paysans (et de leurs autres facteurs de production), favorisent les industriels en aval qui ne font face qu'à un faible coût d'achat du produit et bénéficient ainsi d'une importante valorisation de leurs activités (au détriment des producteurs en amont).

L'exemple patent est celui du Cacao dont le prix international ne reflète pas la valeur réelle du produit. En effet, le prix du cacao est indexé sur celui du chocolat alors que ce dernier semble être un sous-produit (déchet) du procédé d'extraction de l'huile qui paraît être le produit principal dont le prix du kilogramme est plus de 10 fois celui de la fève.

Si les transferts sont «neutres» du point de vue de la valeur ajoutée créée, ils jouent un rôle très important en ce qui concerne la distribution réelle de revenus entre les agents intérieurs. Par voie de conséquence, ils influencent les comportements et stratégies des différents acteurs et, à terme, les niveaux futurs de croissance.

L'intervention de l'Etat par le biais des taxes et des subventions est souvent l'un des moyens utilisés pour jouer sur les transferts en fonction de sa politique.

Dans cette perspective, dresser le compte de l'Etat ne répond pas seulement à un impératif de connaissance de l'impact budgétaire, mais bien à une meilleure compréhension des mécanismes à l'œuvre au sein de la filière considérée.

D'une manière générale, l'étude de la répartition à travers les transferts de revenus entre agents est l'un des résultats caractéristiques de l'analyse de filière. Elle fait apparaître l'importance et l'intérêt pour l'analyse des politiques agricoles.

Pour le Cameroun par exemple, il serait fondamental de procéder systématiquement à l'analyse des « grandes » filières pour en mesurer leur contribution et surtout déterminer l'orientation nécessaire dans le sens de l'amélioration de leur contribution à l'économie nationale mais aussi et surtout de s'assurer que les producteurs à la base reçoivent la juste valeur de leur contribution ; dans l'optique de réduction de la pauvreté ou d'amélioration des conditions de vie des populations fragiles ou des maillons faibles dans les différentes filières. Il faut dire que jusqu'à nos jours, le pays base à plus de 50% son économie sur l'agriculture.

Avec ce chapitre nous arrivons au terme de la présentation des outils théoriques et de la compréhension générale de l'approche filière dans tous ses aspects. Le lecteur arrivé à se stade, nous espérons sincèrement, est en mesure de comprendre les études relatives à l'approche filière qui peuvent lui être présentées. Certes les éléments sont encore disparates pour quelqu'un qui souhaiterait se lancer de suite à un travail dans ce domaine. Il est encore nécessaire de donner de manière très précise la démarche qu'il faut suivre quand on est amené à conduire des études de ce genre ou tout au moins à encadrer des équipes devant faire le travail. C'est l'objet du dernier chapitre sur la méthodologie à adopter quand on fait une analyse des filières. Ce chapitre demande une attention particulière pour ceux qui s'y engagent comme experts dans le domaine ou pratiquant de cet outil extrêmement utile pour nos économies où, il faut le dire, tout est encore à construire malgré des décennies de réflexion sans résultats probants.

Chapitre VIII
La démarche Méthodologique

Il sera question dans ce chapitre de revenir sur ce qui a été dit mais d'une manière plus pratique, en se posant des questions essentielles et surtout les types de diagnostics à conduire pour arriver à avoir les informations dont on a besoin.

La toute première phase consiste à délimiter la filière que l'on souhaite étudier. Cette étape très stratégique doit aboutir à un découpage aussi pertinent que possible par rapport à la problématique identifiée.

Cette étape consiste à définir les produits retenus dans le cadre de l'étude, à délimiter sur le plan vertical (allant de la production à la consommation) et horizontal (dans quel système de production s'insère la filière) l'étendue de la filière et à circonscrire les espaces géographiques et temporels sur lesquels la filière sera étudiée.

La deuxième étape consiste à modéliser la filière ainsi définie, ce qui permettra d'avoir un outil de réflexion et d'analyse pour les étapes suivantes.

On peut retenir quatre principales articulations :

- l'identification des flux et des opérations ;
- l'identification des agents,
- l'analyse fonctionnelle et
- l'établissement du graphe de la filière.

Le modèle ainsi obtenu est dynamique.

A partir de cela (cette structure), on approchera et étudiera les agents, comprendre leur stratégie par rapport au produit étudié ; un certain nombre d'enquêtes sont alors nécessaires.

En termes de rappel, un des éléments clés d'une étude de filière est évidemment l'analyse financière qui a été largement débattue. Elle se base sur le calcul de la valeur ajoutée mesurant la création de richesse. Elle procède généralement en deux étapes : l'établissement des comptes d'agents puis du compte consolidé de l'ensemble de la filière mais va souvent plus loin avec la répartition de la richesse crée.

Pour chaque agent (ou type d'agents) identifié par rapport à sa fonction principale, on cherchera à établir un compte de production et un compte d'exploitation sur le modèle des comptes de branches. Le premier compte permet le calcul de la valeur ajoutée et retrace les opérations sur les biens et services. Il peut être établi à partir du compte d'exploitation de l'agent au sens de la comptabilité de l'entreprise. Ce compte d'exploitation permet, quant à lui, de mettre en évidence la répartition de la Valeur Ajoutée.

VIII.1. Les grandes étapes de l'analyse des filières de production.

Dans cette partie sur les étapes à suivre, il s'agira de faire le rappel des différentes étapes d'une analyse de filière tout en intégrant l'optique de compétitivité des filières analysées (ou des segments des filières). Ce faisant, il faut noter que cette analyse consiste tout d'abord à se poser un certain nombre de questions.

- Quels sont les différents procès de production mis en œuvre ?
- Quels sont les acteurs et leur rôle dans la filière ?
- Quel est le volume du produit obtenu ?
- Comment la Valeur Ajoutée est-elle créée au sein de la filière ?
- Quels sont les différents types de relations qui lient les acteurs ?

En somme quels sont les différents flux de la filière (flux d'échanges, flux de matières et flux de connaissances) ? Ce questionnement et surtout les réponses à ces questions permettront d'établir le graphe de la filière tel qu'il a été présenté dans les chapitres précédents.

Pour faciliter la compréhension ou rendre le texte plus accessible, nous allons utiliser les termes coûts et marges dans les différents calculs à faire (proposés) tout en sachant que les spécialistes pourront aisément faire les correspondances si la nécessité se fait sentir.

Ainsi, une fois que le graphe de la filière est établi, et en se projetant sur l'optique compétitivité, on passe à l'analyse de la répartition des coûts et des marges tout au long de la filière. Pour ce faire, après l'établissement du graphe en question, on passera à :

- l'identification des coûts dans le procès de production pour les différents agents de la filière : ces coûts sont *variables, fixes*, et ceux liés aux *investissements* ;
- la détermination du revenu pour chacun des agents ;
- la répartition de ces différentes entités (coûts, marges, bénéfices, revenu,...) entre les différents agents ;
- les différents revenus valorisent-ils les facteurs de production ?

Avec ces informations on devrait pouvoir faire les différentes comparaisons dans l'optique compétitivité nationale ou internationale.

Ainsi les différents points énumérés permettent de faire une analyse profonde de la filière.

1. Identification des coûts

Dans cette partie, il est essentiel de noter qu'on oublie le plus souvent les coûts liés aux pertes alors qu'ils peuvent être déterminants dans certaines filières comme celle du haricot vert dont le produit est extrêmement sensible à la conservation (très périssables) donc sujet aux pertes importantes. Nous signalons en passant que tous les économistes connaissent la notion des coûts fixes et coûts variables. Il est cependant utile de déterminer le niveau de l'investissement nécessaire pour faire ressortir tout d'abord le problème d'accessibilité de l'activité à une certaine catégorie de personnes. Par la suite cela permet de faire ressortir l'aspect amortissement pour évaluer les marges nettes ou les profits nets ; même si dans les agricultures paysannes (des pays africains) l'aspect amortissement est souvent négligé, c'est à tort. Il faut absolument faire ressortir cet aspect pour avoir des données précises. Par ailleurs, cette agriculture amorce déjà, timidement certes, une modernisation de son système productif.

2. Détermination du revenu aux différents maillons de la filière

Dans le calcul du revenu, il faut toujours se rappeler la notion de polyactivité ou des activités extra-agricoles pour les filières des produits agricoles. Il est nécessaire de déterminer ce revenu pour en définir l'impact au niveau de la filière. Il peut arriver que, dans certaines filières agricoles, ces revenus soient plus élevés que ceux de l'activité principale pour les paysans qui pourtant se considèrent comme exclusivement agriculteurs. Il est donc important d'isoler ce revenu pour besoin d'analyse.

3. Répartition du revenu

La répartition du revenu au sein de la filière permet d'apprécier particulièrement le niveau d'amélioration les conditions de vie des maillons faibles ; le plus souvent des paysans pauvres. On peut pour ce faire, repérer les différences de revenus entre les acteurs de la filière. Cela peut nous amener aussi à revenir sur le problème de comparaison avec les autres filières dans l'optique d'un appui éventuel ou d'une intervention quelconque de l'Etat.

4. Les flux des connaissances

La détermination de ces flux permet d'analyser l'efficacité des technologies utilisées dans la filière et leur adéquation aux compétences existantes, établir une typologie des technologies, analyser les options d'amélioration et l'impact des investissements externes en matière de recherche. Dans le domaine agricole, ceci nous amène à rappeler la théorie du changement technique induit proposée par Hayami et Ruttan[19], pour qui le rapport terre/homme est la cause essentielle de la direction du changement technique en agriculture. Pour que ce changement réussisse, il faut bien que les opportunités et les conditions de réalisation existent et que les exploitations agricoles considérées se situent toutes sur la courbe d'efficience[20].

Après avoir analysé ces différents aspects au niveau de la filière, il peut être utile de se pencher sur la problématique de l'emploi à travers une filière, quand on sait à quel point ce problème préoccupe les pouvoirs publics dans la plupart des pays africains.

---

19 Y. HAYAMI and V. W. RUTTAN, 1985, Agricultural Development: An international Perspective, John Hopkins University Press, Baltimore.
20 Ces éléments sont tirés de la thèse de MADI Ali sur la politique Agricole et l'élasticité de l'offre

5. Appréciation de l'emploi au sein de la filière

Dans cette logique on peut avoir pour objectif accessoire ou parfois même objectif principal pour les pouvoirs publics et particulièrement des structures chargées de promotion de l'emploi ou de l'insertion dans le secteur productif des sans emplois. Pour ce faire, on se posera des questions suivantes :

- Quelle est la répartition de l'emploi dans la filière ?
- Favorise-t-elle un groupe donné ou une catégorie donnée des acteurs,
- Quelles sont les marges offertes pour lutter contre la pauvreté à travers l'emploi dans la filière ?

Il faut noter que plusieurs de nos pays ont actuellement développé des stratégies de réduction de pauvreté à travers des actions diverses et c'est l'occasion pour les analystes des filières de montrer l'apport essentiel de cette approche dans le repérage de ces goulots d'étranglement que les pouvoirs publics cherchent à lever pour s'engager véritablement dans un cercle vertueux de développement.

Voilà succinctement rappelés les quelques éléments essentiels pour les analyses des filières. Il s'agit ici tout juste des rappels et surtout d'un résumé. L'ensemble de l'ouvrage n'a parlé que de l'approche filière et il doit être considéré comme un tout (dans sa globalité).

Dans la plupart de temps, les études de filières sont demandées en termes d'urgence pour avoir des solutions rapides (réponses) aux problèmes qui se posent (aux questions qu'on se pose). C'est pourquoi les spécialistes ont souvent recours aux diagnostics pour y parvenir.

VIII.2. Les différents diagnostics à conduire dans une approche filière

Dans le cadre d'une analyse (une étude) de filière, les différents diagnostics devant être conduits doivent respecter toutes les étapes d'une approche filière telle qu'elle a été présentée tout en faisant ressortir toute la pertinence de ladite démarche. Il ne serait question (à travers les diagnostics) d'un débarras de la complexité de la démarche encore moins d'une recherche de facilité, c'est plutôt d'une démarche qui doit allier efficacité et rapidité pour aboutir à des résultats pertinents pour la problématique et scientifiquement justifiables.

VIII.2.1. La notion de diagnostic

Avant de présenter (indiquer) les différents types de diagnostic nécessaires pour une analyse de filière, il est opportun de clarifier le concept même ou la notion de diagnostic car il n'est pas évident que tout lecteur de ce document soit en mesure de comprendre aisément ce qu'un diagnostic.

En effet, les études de diagnostic sont entreprises pour approcher des problèmes qui peuvent se présenter aux différents stades de la prestation des services dans le cas des projets de développement ou tout simplement pour étudier les problèmes afin d'identifier les facteurs qui les provoquent de façon à ce qu'on puisse proposer des solutions fondées sur des données empiriques.

Pour les experts en gestion, la solution des problèmes peut être de trois sortes, elle peut ainsi faire appel :

- à l'intuition ;
- au jugement ou
- à l'analyse.

En effet, les responsables qui résolvent les problèmes sur la base de ce qu'ils soupçonnent de leur sentiment intime font appel à ***l'intuition.*** Les décisions intuitives sont plus fréquentes qu'on ne le croît. Les dirigeants politiques se laissent guider par l'intuition quand ils ont affaire à des problèmes complexes. Et, le plus souvent, en l'absence de renseignements objectifs, des données fiables, les responsables des projets ou d'entreprises se trouvent parfois contraints de recourir à leur intuition.

Les responsables qui fondent leurs décisions sur leur expérience personnelle ou leurs connaissances subjectives du sujet font appel à leur ***jugement***. Il faut dire que beaucoup de problèmes dans les entreprises sont résolus par le jugement.

L'**analyse** quant à elle offre une gamme variée d'outils pour aborder et résoudre les problèmes. Elle se subdivise en sept étapes principales :

1- ***Identifier le problème***. Définir le problème dans son contexte et séparer les symptômes du problème proprement dit.

2- ***Déterminer les éléments qui contribuent au problème***. Réunir des données quantitatives et qualitatives au sujet des causes envisagées ;

3- ***Examiner les contraintes de la prise de décision***. Analyser l'environnement administratif et politique des responsables pour y déceler la présence d'éléments qui limitent leurs options.

4- ***Définir diverses solutions***. Utiliser les informations contenues dans les études des causes et des contraintes pour formuler un certain nombre de solutions réalistes sans s'arrêter tout simplement à la première qui est proposée.

5- ***Evaluer les solutions possibles***. Définir des critères explicites et pratiques et s'en servir pour examiner les avantages et les limitations des principales solutions possibles.

6- ***Recommander la formule optimale.*** Classer les options et leurs répercussions et les présenter aux responsables aux fins de décisions.

7- ***Suivre les réactions***. Analyser les effets des mesures prises pour décider si l'on a besoin d'apporter de nouvelles corrections.

La représentation physique de l'enchainement de ces étapes est résumée dans la figure 16.

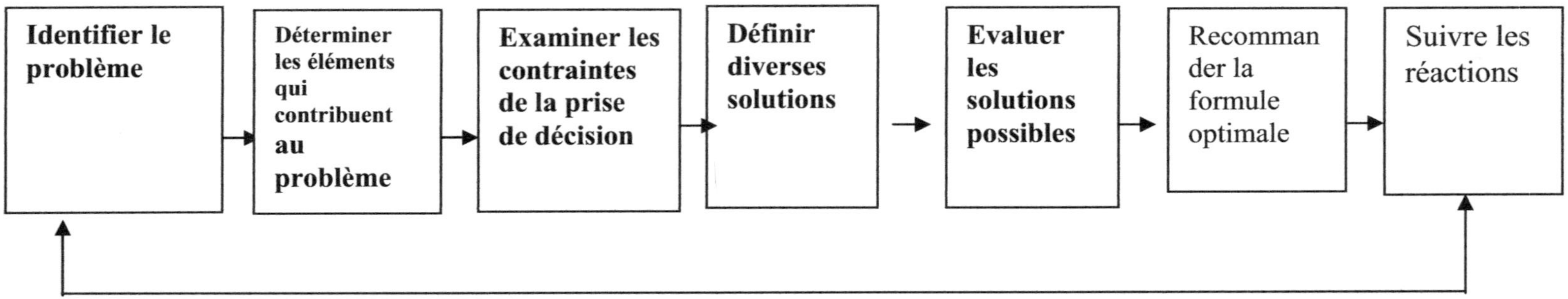

Figure 16 Les sept étapes de la solution d'un problème par l'analyse

VIII.2.2. Etudes de diagnostic

Les études de diagnostic doivent être employées comme « des instruments de chirurgie ». Elles doivent viser spécifiquement à obtenir des informations empiriques qui servent à résoudre des problèmes « spécifiques » préalables qu'on aura identifiés et auxquels font face les responsables. Ça peut aussi être des problèmes que les responsables eux-mêmes auront identifiés à travers leur système d'information. On peut citer quelques exemples de problèmes coutants auxquels on fait face dans les projets.

- Dans la plus grande partie de la zone du projet, la population visée a accepté une variété améliorée de maïs, mais les agriculteurs de deux arrondissements semblent l'avoir rejetée;
- Un projet de crédit a suscité une forte demande d'emprunts à long terme mais n'a guère engendré d'enthousiasme pour les emprunts à court terme;
- Les agriculteurs se sont affiliés en nombre record, pendant les deux premières années de l'exécution du projet, aux associations agricoles organisées avec l'aide de celui-ci mais ces associations perdent désormais leurs membres;
- Beaucoup d'agriculteurs ont, au début, adopté une nouvelle variété de maïs mais, selon certaines indications, ils reviennent à la variété qu'ils cultivaient auparavant;
- Les systèmes d'eau potable installés par le projet cessent de fonctionner six mois après que des groupements locaux en assument la responsabilité ;
- Les agriculteurs (producteurs de base) reçoivent la plus faible part du revenu de la filière alors qu'ils ont intégrer le plus grand volume des ressources productives.

On peut citer autant de problèmes qu'il y a de projets dans le monde.

Il ne faut pas confondre les études de diagnostic et les recherches à caractère théorique. Dans la recherche de l'efficacité, dans l'utilisation des ressources (toujours rares) pour trouver une solution rapide à un problème qui se pose, les études de diagnostic sont le plus souvent conseillées.

Il peut être utile de faire une comparaison entre les différents types d'études pour faire ressortir l'efficacité des diagnostics. Ainsi le tableau 12 présente cette comparaison.

Tableau 12 : Distinction entre étude de diagnostic, analyse d'impact et étude théorique

		Caractéristiques					
Catégorie	**Public**	**Objet**	**Variables préférées**	**Méthodologie préférée**	**Critère de qualité**	**Délais**	**Applicabilité**
Etude de diagnostic	Supérieur immédiat	Compréhensi on	Manipulables par les responsables	Surtout qualitative	Suffisants pour fonder une décision	1-2 mois	Problème précis
Analyse d'impact	Services nationaux et organismes donateurs	Vérification	Paramètres agro-économiques et qualité de la vie	Quantitative et évaluative	Quelques conclusions à tirer	Plusieurs mois ou années	Projet ou programme particulier
Recherche théorique	Universités	Mise à l'essai d'hypothèses et élaboration de théorie	Paramètres utiles pour la théorie	Surtout quantitative	Mesures scientifiques	Souvent longs	Connaissances scientifiques

Parmi ces huit caractéristiques, il faut signaler qu'il y a trois éléments caractéristiques essentiels sur lesquels se basent la différenciation et qui selon nous rendent les études de diagnostic ponctuelles plus rapides et mieux centrées que certaines recherches qu'on peut qualifier de théoriques. Il s'agit essentiellement :

1. ***Du public.*** Les études de diagnostic s'adressent surtout aux responsables ayant en charge les aspects décisionnels, c'est aussi le cas des analyses des filières dans le cadre de la planification de l'économie. Les conclusions et recommandations qui sont présentées à ces derniers doivent être brèves et précises et accorder plus de place aux conclusions qu'aux constatations du diagnostic. Il faut noter, par ailleurs, que les études/les recherches théoriques ou fondamentales sont utilisées pour proposer des changements structurels de l'économie. Ces recherches ont toute leur place dans l'économie mais pas adaptées aux problèmes spécifiques auxquels les entreprises sont souvent confrontées.

2. ***De l'objet.*** Les décideurs doivent connaître la structure et les caractéristiques d'une situation ; ils ne recherchent pas en général de détails numériques. Un problème s'est présenté et il faut en diagnostiquer les causes principales. Que le problème touche 70% ou 75% de la population visée peut n'avoir aucune importance pour la décision finale.

3. ***Des Variables préférées.*** Les études de diagnostic portent surtout sur les variables que les responsables peuvent modifier. Les autres variables ne sont traitées que de façon secondaire, si tant est qu'elles le soient.

VIII.2.3 Les Sources de données

Pour conduire les études de diagnostic on peut avoir recours à plusieurs techniques de collecte de données.

a. Dossiers et documents du projet ou de l'entreprise

Souvent, les dossiers et documents des divers projets et structures de développement ou les entreprises qui font l'objet de l'étude peuvent fournir l'essentiel des données pertinentes aux études de diagnostic et réduire ainsi la nécessité d'avoir à interroger par la suite les agents de terrain et les participants. Bien qu'ils ne fournissent pas toujours des éléments de connaissances profondes, les dossiers décrivent la nature, la fréquence et les effets d'événements ou d'opérations. Les rapports du terrain ou les fiches des opérations peuvent comporter des données quantitatives et qualitatives qui éclairent les mobiles, croyances, attitudes et jugements des participants.

b. Enquêtes formelles et informelles

Dans la quasi-totalité des études économiques ou socio-économiques, la place des enquêtes est centrale. Et ces enquêtes peuvent être formelles ou informelles. De la même manière, les études de diagnostic peuvent se servir d'enquêtes formelles et informelles pour réunir des informations. Les enquêtes portant sur un échantillon important sont hors de question quand il s'agit de mener rapidement une étude à bien. Ce faisant, dans le cadre de certaines études de diagnostic, la taille de l'échantillon peut être petite, id est on peut se servir d'un sondage de probabilité si les groupes et le comportement à étudier sont rigoureusement définis et relativement homogènes, ce qui permet de fonder le diagnostic sur un échantillon réduit.

c. Emploi d'informateurs clés

Cette méthode prend pour point de départ le fait que la situation ou le rôle de certaines personnes dans la société leur permet d'avoir meilleur accès que d'autres aux informations. Il est donc question d'interroger ces personnes.

Par exemple, tandis que des animateurs locaux et des agents de vulgarisation peuvent fournir des renseignements au sujet des attitudes

des agriculteurs à l'égard des ensembles techniques recommandés, les agents de santé féminins, eux connaîtront mieux l'incidence des maladies chez les femmes et les enfants. On peut subdiviser les informateurs clés de la manière suivante:

- experts qualifiés notamment ceux qui travaillent dans la zone du projet par exemple économistes, ingénieurs agronomes, médecins, professeurs d'université et experts en matière de crédit ;
- fonctionnaires en poste sur le terrain, par exemple agents de vulgarisation, agents de santé et fonctionnaires du fisc ;
- les leaders d'opinion, responsables locaux, tels que chefs traditionnels, personnalités influentes du village et représentants des partis politiques ;
- personnes bien informées, telles que les boutiquiers du village (au sujet des biens de consommation) et commerçants (au sujet des structures de prix) ;
- les « indiques » de la communauté (dans chaque communauté il y a des personnes qui ont pour rôle de chercher des informations dans la communauté et de les fournir à celles qui les utilisent pour cette cause).

Chaque fois que cela est possible, on s'efforcera de dresser à l'avance une liste de personnes susceptibles de jouer le rôle d'informateurs clés. Quand on ne connaît pas bien la communauté à étudier, il faut chercher à identifier ces informateurs-clés à travers les personnes qui font partie de l'échantillon choisi, par des manières plus subtiles bien sûr.

Un guide-mémoire (shortlist) des questions doit être établie pour chaque type d'informateur-clé. Par ailleurs, l'enquêteur doit préparer à l'avance une liste de pointage des questions qui intéressent l'informateur. En règle générale, il faut encourager l'informateur à conduire la discussion et, de cette façon, à révéler ses propres idées. Les enquêteurs doivent savoir écouter.

Il peut arriver que les informateurs clés induisent en erreur l'enquêteur. Ils peuvent ne pas être bien informés, ou ont une vue fausse des choses. Il peut arriver aussi qu'ils trompent délibérément leur interlocuteur dans l'espoir d'en faire profiter d'autres. On peut toutefois atténuer ce problème en croisant les informations de plusieurs catégories d'informateurs-clés.

d. Discussion participative

Il est question en fait de tenir des réunions communautaires avec l'ensemble des habitants d'une localité par exemple. Cela peut permettre de glaner des renseignements utiles pour des études de diagnostic. Ces réunions doivent être soigneusement préparées, en établissant à l'avance une liste de pointage de problèmes et de questions (shortlist).

Pour ces genres de discussions ou réunions, il est essentiel d'être à plusieurs et d'assigner un rôle spécifique à l'un ou deux d'entre vous, celui de suivre attentivement les discussions entre les participants à la réunion. Il arrive très souvent que la vérité soit du côté de ces discussions internes que du dialogue avec celui ou ceux qui conduisent la réunion « officiellement ». C'est même souvent le contraire de ce qui se passe qu'on présente « officiellement ».

En plus de ces discussions, il est aussi important d'observer la communauté. Cette observation peut donner au responsable, au sujet des attitudes et du comportement d'une communauté, des idées précises qu'il lui est impossible d'obtenir à la suite d'entretiens superficiels avec des répondants. Pour utiliser cette technique, des observateurs vivent pendant longtemps dans une communauté de façon à pouvoir allier la perception d'un initié à l'objectivité d'un étranger.

VIII.2.4 L'organisation proprement dite d'une étude de diagnostic

Une étude de diagnostic suit les mêmes démarches fondamentales que celles qu'on emploie pour obtenir les données et définir les sources à l'intention du système ordinaire d'information mais le fait plus rapidement, en cernant mieux les questions et en essayant de trouver des solutions pragmatiques.

Le premier point sera de définir avec précision le problème à étudier et regrouper tout le dossier présentant la situation. Un dialogue joue également un rôle indispensable pour équilibrer les informations dont le responsable a besoin et l'aptitude de l'équipe en charge de l'étude à les fournir dans les délais voulus avec les moyens à sa disposition. A ce stade, il est nécessaire de dresser une liste des solutions possibles du problème qu'on peut envisager au cours de l'étude.

Une fois le dialogue terminé, l'étude sera mise sur pied pour son exécution dans les délais convenus. L'enquête doit être aussi rigoureuse que le permet la nécessité impérative de la terminer dans des délais voulus.

Il faut signaler que l'acceptation des conclusions et des recommandations d'une étude est fonction de la crédibilité que les décideurs attribuent aux informations fournies. Les services de diagnostic doivent pouvoir trouver aux questions suivantes une réponse qui le satisfasse afin d'évaluer s'il est techniquement possible de donner suite aux attentes du demandeur :

- quels groupes de population faut-il contacter pour obtenir les informations dont on a besoin pour diagnostiquer le problème ?
- a-t-on besoin de données quantitatives, des données qualitatives, ou des deux ?
- de quel niveau de précision et de confiance a-t-on besoin dans l'étude surtout au niveau des recommandations ?

Pour obtenir la méthode de collecte des données qui convient, il faut répondre aux questions suivantes :

- quelles méthodes de collecte peuvent fournir les données nécessaires dans les délais impartis ?
- est-ce que l'adoption de plus d'une méthode donnera la possibilité de vérifier les résultats ou est-ce qu'elle ne fera que déboucher sur des données divergentes et incompatibles ?
- quelles doivent être les aptitudes de ceux qui effectueront l'étude sur le terrain ?
- quel budget et quel soutien logistique peut-on offrir aux opérations sur le terrain ?

L'analyse des données doit être aussi simple que possible. Des statistiques descriptives simples peuvent être éclairantes que des tableaux complexes et des figures compliquées.

Par ailleurs, avant de commencer son travail sur le terrain, le personnel en charge de l'étude doit décider comment les données seront traitées. Les organisateurs ou les commanditaires de l'étude doivent prévoir des réponses claires aux questions suivantes :

- est ce que l'initiateur dispose des moyens d'archivage et traitement des données lui permettant d'utiliser le volume escompté de données quantitatives et qualitatives ?
- comment les données qualitatives seront-elles enregistrées et analysées ?
- si l'étude se sert de liste de pointage et de questions extensibles, comment l'équipe va-t-elle exprimer ses impressions dans un rapport ?

Les responsables et l'équipe doivent décider, en outre, avant que l'étude ne soit effectivement lancée, à quelle date et sous quelle forme les résultats seront présentés. Tout en sachant que les résultats d'une étude de diagnostic doivent être succincts, porter essentiellement sur le problème, et être en mesure d'aider les responsables à prendre des décisions. Ils ne doivent pas être des rapports d'activités, ni des études « théoriques ».

C'est aussi les caractéristiques d'une bonne analyse de filière, qui passera par une série d'études de diagnostic qui, prise dans son ensemble, fournira toutes les informations souhaitées et pertinentes permettant une action conséquente chez les décideurs.

Il faut savoir que la série de diagnostics qui va être présentée très succinctement (l'approche d'une étude de diagnostic étant clairement présentée dans les paragraphes précédents) n'est pas une hiérarchie de diagnostics mais tout simplement quatre différents diagnostics dont l'ensemble constitue l'analyse de la filière considérée (ou segment de la filière).

VIII.2.5. Les quatre types de diagnostics à conduire

Nous rappelons que les quatre diagnostics sont obligatoires pour une analyse de filière. C'est le dosage des éléments et la profondeur des analyses qui doivent différencier les diverses analyses des filières suivant la problématique et l'objectif qui sont ceux du demandeur ou commanditaire.

a. Diagnostic « environnemental » ou contextuel

Il s'agit ici d'appréhender le contexte général dans lequel évolue la filière à étudier. Ce travail s'appuiera beaucoup sur les résultats de l'approche globale. La spatialisation de la filière sera aussi très importante dans cette partie.

Les éléments pris en considération, dans le cas spécifique de la production agricole (dans les pays africains surtout) seront les suivants:

✓ la présence ou non d'un climat d'insécurité ;

✓ le risque sanitaire, et climatique ;

✓ l'état des infrastructures routières, énergétiques, de transport ;

✓ le niveau de l'organisation de l'encadrement professionnel et aussi l'appui apporté par la recherche en termes d'innovation ;

✓ la politique marketing mise en place ;

✓ la politique agricole en vigueur, spécifique au produit concerné par la filière;

✓ les différents accords et conventions signés avec les pays tiers ayant une influence sur la formation des prix.

L'expert en charge de l'étude peut élargir le domaine du diagnostic en fonction des spécificités du produit et la zone d'étude.

b. Diagnostic technique

Cette partie de l'étude se pense sur les aspects techniques de la production (agricole) et les indicateurs utilisés pour ce faire sont les suivants:

✓ la productivité des différents facteurs de production ;

✓ les problèmes sanitaires à tous les niveaux et les moyens (outils) disponibles pour leur maîtrise ;

✓ le niveau de gestion des ressources non renouvelables ; est-ce qu'on tient compte de la rationalité des techniques utilisées par rapport à l'utilisation de ces ressources ;

✓ le système de stockage ou de transformation mis en œuvre ;

✓ les différents procédés et techniques de production : tous les flux de connaissances mis en œuvre dans la filière ;

✓ la qualité du produit, elle est fondamentale pour la compétitivité de la filière.

c. Diagnostic comptable

Ce diagnostic a déjà été largement détaillé dans la méthodologie principale. Il repose sur l'identification des itinéraires techniques et l'évaluation des résultats économiques des opérateurs et de leurs fluctuations éventuelles, avec prise en compte des coûts de stockage ou de transformation, des coûts des pertes ainsi que du prix des produits importés.

Il s'agit fondamentalement d'établir les différents comptes des agents et le compte consolidé de la filière pour en faire des analyses fines et pertinentes sans oublier la répartition de la richesse créée et éventuellement le nombre d'emplois créés.

d. Diagnostic organisationnel

C'est le lieu ici de faire appel aux différents éléments de la théorie des organisations (l'économie des organisations) qui ont été présentés dans le chapitre IV.

Les critères pris en compte pour ce diagnostic portent sur :

✓ le degré d'intégration vertical ; de la matière première au produit fini (les différents stades de la filière) ;

✓ le bilan sur les organisations professionnelles au niveau des différents stades de la filière (les interprofessions) ;

✓ le régime de concurrence au niveau de ces différents stades, nœuds ou maillons ;

✓ l'efficacité des réseaux marchands (les éléments des stratégies marketing peuvent être utiles pour ce critère) ;

✓ les différents marchés de production, de compensation (gros) et de consommation, comment ces différents marchés fonctionnent et leur influence sur la production.

Voilà assez brièvement présentée la démarche à suivre dans l'analyse de filière. On peut aisément tirer la conclusion que ce dernier chapitre est finalement la forme pratique de l'ensemble de l'ouvrage. En effet il a été question dans ce bref chapitre de faire le résumé de tous les outils devant être utilisés pour arriver à faire une analyse de filière, de sorte qu'il devient très facile de comprendre l'approche filière en prenant le chemin inverse dans l'exploitation de cet ouvrage. Il suffit en effet de bien lire le dernier chapitre et de compléter la compréhension en faisant les va-et-vient nécessaires entre lui et les autres chapitres.

Nous sommes convaincus que cet outil essentiel dans la compréhension de nos économies surtout en développement, est d'une compréhension rapide et d'une utilisation facile en se basant sur ce dernier chapitre.

CONCLUSION GENERALE

La présentation de l'approche filière (la notion de filière, l'analyse de filière, l'étude de filière) nous a amené tour à tour à rappeler dans un premier chapitre la notion du système productif qui est la mise en commun des trois systèmes (système de culture, système de production, système d'exploitation) qui ont été clairement définis dont l'utilité est de pouvoir faire référence aux concepts connus de tous et facilement maîtrisables.

Dans un deuxième chapitre, nous avons pu présenter les différents éléments constitutifs de la notion de filière et les différentes utilisations possibles. Ceci nous a permis de développer l'idée que, de la proximité des agents, des opérations naissent des effets de synergie tels que la performance de la filière doit être supérieure à la somme des performances individuelles des unités qui la composent.

Le chapitre III nous a permis de donner une définition claire de la notion de filière en amenant le lecteur progressivement vers cela tout en indiquant, bien sûr, ses limites (bornes) temporelles et spatiales.

Déjà au niveau de ce chapitre quelques éléments permettant d'amorcer une analyse de filière étaient présentés. Ce qui permettra de mieux se référer aux différents courants théoriques qui sont présentés dans le chapitre IV.

Il est clairement ressorti de ce chapitre, en se basant essentiellement sur les théories de régulation et des conventions, que la logique marchande dans une économie aussi ouverte soit-elle n'est pas en même de mettre sur le marché de réalisation des produits conséquents si les rapports sociaux ne sont pas pris en compte dans l'analyse. Par ailleurs, la sociologie vient compléter la notion économique en y ajoutant les rapports de consommation.

Et chemin faisant, nous avons abordé au chapitre V le problème de la limitation de l'approche néoclassique à pouvoir rendre compte des aspects théoriques de l'approche filière. Ce qui nous a permis de pouvoir attirer l'attention du lecteur de l'approche filière qu'il ne faut pas tout simplement faire l'analyse sous le prisme exclusif de l'approche néoclassique ; auquel cas plusieurs aspects de l'approche ne pourront pas être abordés et la pertinence de ladite approche s'en trouvera diminuée.

Cette démarche nous a permis de déboucher au chapitre VI sur la méso-économie et l'analyse de la compétitivité des filières. Cette théorie est celle qui, en réalité, correspond mieux au cadre d'analyse qu'est la filière.

Après ces chapitres beaucoup plus conceptuels et théoriques, nous avons abordé l'analyse financière de la filière qui nous a donné l'occasion de développer les notions essentielles de valeur ajoutée et des comptes y afférents en indiquant la démarche pratique qui permettra à tout utilisateur de l'ouvrage de pouvoir faire cette analyse financière sans difficulté telle que relatée dans ce chapitre VII.

Pour permettre à tous nos lecteurs de pouvoir mettre en pratique cette approche filière, nous avons tenu à présenter la démarche à proprement parlée en prenant soin de faire le rappel de l'ensemble des étapes qui ont été progressivement présentées, tout au long de l'ouvrage. Ce chapitre VIII sera pour beaucoup le chapitre « **phare** » ou tout au moins celui qui les aidera plus à aborder ou pratiquer effectivement cette approche économique, qui est pour nous un outil essentiel pour mieux comprendre l'articulation et la contribution des différents secteurs « filières » dans nos économies.

Il faut dire clairement que l'optique filière (l'approche filière) permet de définir des contraintes technologiques, de repérer des complémentarités et des cohérences des relations stables et permanentes liées au fonctionnement des systèmes productifs. Et que la théorie des organisations (qui a été présentée dans ses détails) permet de comprendre les comportements des acteurs, leur logique de décision et leurs modes de coordination. Elle permet de prendre en compte les coordinations coutumières ou liées à la confiance.

Par contre la théorie de la régulation permet d'appréhender les formes institutionnelles liées à l'histoire et les modes de partage du surplus au sein des systèmes productifs en liaison avec les modes de régulation.

Cette approche qui a été finalement qualifiée de mésoéconomie paraît plus à même que les références à un marché d'équilibre et d'agents individuels pour comprendre les pratiques des agents économiques et de mettre en œuvre des politiques réalistes.

Cette approche est particulièrement indiquée, comme nous le disons, pour l'appréciation de la contribution des secteurs spécifiques à la création de la richesse nationale et elle permet de faire des propositions en termes de politique agricole dans une optique de planification ou d'orientation stratégique de l'économie. Elle est tout à fait indiquée dans l'approche ou la démarche qu'ont adoptée un certain nombre des pays africains dans la définition des visions ou des objectifs à long terme pour leur économie.

C'est le cas du Cameroun qui projette devenir un « pays émergent » à l'horizon 2035, vision pour laquelle des programmes et plans d'actions sont nécessaires et c'est l'occasion pour nous d'interpeller les structures en charges de la planification de notre développement à intégrer cette démarche dans leur approche des problèmes.

Vivement que les africains s'engagent véritablement dans la voie de la croissance en utilisant des outils adaptés et à leur portée. /..

BIBLIOGRAPHIE

ABBOTT, PHILIP C., BREDAHL, MAURY E., 1994, «Competitiveness: definitions, useful concepts and issues», *Competitiveness in international food markets,* Westview Press, Boulder, Oxford, p11-36

ADJOVI, G.S., WETTA, E., SONOGO, O. 2004. *L'impact des subventions internationales sur le coton malien*, Bamako, Repa.

ADOLPHE Berle et Gardiner Means, 1932, « L'organisation moderne et la propriété privée ».

ALDRIDGE, KIMBERLY M., 1992, "A framework for analyzing alternative institutional arrangements for the cereals market information system in Mali." *Mémoire de "Master of Science in agricultural economics", Michigan State University,* pp 15-40.

ALFRED Marshall, 1890,"Principes de l'économie politique",

ARAUJO BONJEAN, Catherine et CHAMBAS, Gérard, 1998, « Fiscalité des filières agricoles et politique de prix. ».

ARAUJO Bonjeau C et Brun J. F., 2001, Les politiques des prix du coton en Afrique de la Zone Franc sont – elles condamnées ? *Document CERDI, No 0009 Revue Canadienne d'Etudes du Développement, 19 p.*

ARMEN Alchian et Harold Demsetz, 1972,"Production et coût de l'information".

ARROW, Kenneth J. and Frank Hahn, 1971,"General Competitive Analysis" Holden-Day, San Francisco. ISBN 0816202753

ATTAIE H. and Salazar J., 2003, *Guidelines for value chain analysis in the agri-food sector of transitional and developing economies*, ESSEC, Cergy Pontoise, France.

AUDETTE R., Larivière, S., Martin, F., 1994. *Analyse de filière dans le secteur agroalimentaire: guide de réalisation d'une étude filière*, rapport préliminaire ACDI - Eco. Rurale Inc.

AZAM, Jean-Paul, 1994, « L'effondrement des cultures de rente en économie de pénurie : le cas du Mozambique (1981-1985) », *L'économie des politiques agricoles dans les pays en développement –*

les aspects macroéconomiques – tome 3, Revue Française d'économie, Paris, pp 123-145.

BARKER, Randolph and HAYAMI, Yujiro, 1996, "Price support versus input subsidy for food self-sufficiency in developing countries." *American Journal of Agricultural Economics, vol. 58 November*, pp 617-628.

BARTOLI P, Boulet D(1989) *Dynamique et régulation de la sphère agro-alimentaire: l'exemple viticole,* thèse d'Etat, Université de Montpellier I.

BILLAUDOT B (2004) Les institutions dans la théorie de la régulation: une actualisation « la revue de la régulation « Finance et régulation »

BILLAUDOT B (2007) « Une détermination institutionnaliste de l'objet de la science économique » in pour une critique des hétérodoxies économiques *», L'Homme et la société.*

BINSWANGER, Hans P., 1980, "Attitudes toward risk: experimental measurement in rural India", *American Agricultural Economics Association,* pp 395-407.

BOCKEL, L., 1996. Analyse de la sous-filière maraîchage périurbain de Bamako, *Document de formation pour la Planification Agricole,* Service de Soutien aux Politiques Agricoles, Division de l'Assistance aux Politiques, FAO, Rome, Italie

BREMONT J. et GELEDAN A., 1990 : « Dictionnaire économique et social », 5ème édition, Hatier, Paris, 420 p.

BRINKERHOFF, Derick W. and GOLDSMITH, Arthur A., 1992, "Promoting the sustainability of development institutions: a framework for strategy." *World Development – vol. 20, n° 3 1992,* Pergamon Press, pp 369-383.

BURGESS, Robin and STERN, Nicholas, 1993, "Taxation and development." *Journal of Economic Litterature – vol. 31,* pp 762-830.

CAHUC, Pierre, 1993, *La Nouvelle microéconomie,* La Découverte – Repères.

CARL Menger, 1871, « Principes de l'économie » (Grundsäze der Volkswirthschaftslehre), Vienne.

CARLSON, Gerald and WETZSTEIN, Michael E., 1993, Pesticides and pest management." *Agricultural and environmental economics,* Oxford University Press, New York, pp 268-318.

Cerdi (2001) Modes d'organisation des filières et lutte contre la pauvreté : les cas du coton et du caco, *Rapport* MAE.

CHEVASSUS-LOZZA, E. et VALCESCHINI, E., 1992, « Les concepts de l'économie des conventions et leur articulation. », *Séminaire INRA/ESR sur l'économie des institutions,* Septembre pp 14-27.

CHOMBERT et POITEVIN, 1957, « la gestion des exploitations agricole » éd. Armand Colin, Paris

CHRISTY, Ralph D., "Markets or government? Balancing imperfect and complementary

Club du Sahel et de l'Afrique de l'Ouest (2005) *Economic and social importance of cotton production and trade in West Africa* » Paris, OECD,

COMMISSION EUROPEENNE, 1997, « Manuel - 'Analyse Financière et Economique des divers projets de développement », Luxembourg : Office des publications officielles des communautés européennes

CORIAT B. & Weinstein O., 1995, Les nouvelles théories de l'entreprise, LGF, Livre de Poche, pages 171

D. AUBERT, 1985, Système de Production et Transformation de l'Agriculture, dossiers INRA.

DAHLMAN C. J., « The Problem of Externality », The Journal of Law And Economics vol. 22, n° 1, avril 1979, p. 148 cité par **Coase R.**, L'entreprise, le marché et le droit/, éd. d'Organisation, 2005, p. 23.

DAVID Colander, 2000, "The Death of Neoclassical Economics" in Journal of the History of Economic Thought, vol.22, June.

DAVIS L, North DC (1971) *Institutional Change of American economic Growth,* Cambridge, Cambridge University Press

DE BRANDT (1988) « Système et découpages productifs: la filière comme méso système in Arena et al *Traité d'économie industrielle,* Paris, Economica

DE Brandt, HUGON Ph. (éds), 1988, « les tiers nations en mal d'industrie », Economica, Paris.

DE HAEN, Hartwig, ALDINGTON, Tim and SAIGAL, Reshma, 1992, "The impact of structural adjustment on the use of agricultural inputs in Africa: the case of fertilizers." *EAAE Seminar on "Food and agricultural policies under structural adjustment" – September 1992,*

DE JANVRY, Alain, SADOULET, Elisabeth et THORBECKE, Erik, 1993, "State, market and civil organizations: new theories, new practices and their implications for rural development – Introduction", *State, market and civil organizations : new theories, new practices and their implications for rural development,* World Development Vol. 21 n° 4, Pergamon Press, pp 565-575.

DEGUINE J. P., Fok M., Gaborel C. (2000)., *Rôle et place de le recherche pour le développement des filières cotonnières en évolution en Afrique,* Actes du Séminaire du 1er au 2 septembre, Cirad, pp.19 – 26.

DPPASA, 2000 : « Document de projet : l'Observatoire des filières au Tchad », Direction de la promotion des produits agricoles et de la sécurité alimentaire, Ministère de l'Agriculture, 9 p.

DUPRESSOIR, Sophie, 1998, « L'économie des conventions : les conventions comme outil de coordination entre les acteurs économiques ».

DUTEURTRE G., 1998 : « Compétitivité prix et hors-prix sur le marché des produits laitiers d'Addis-Abeba (Ethiopie) : la production fermière face à ses nouveaux concurrents », thèse d'agroéconomie de l'ENSA Montpellier, 352 p.

E. ROY Weintraub (2002) "How Economics Became a Mathematical Science"

E. ROY Weintraub, 1974,"General Equilibrium Theory"

EGG, Johny, GALTIER, Franck et GREGOIRE, Emmanuel, 2003, « Systèmes d'information formels et informels. La régulation des marchés céréaliers au Sahel.» Éléments pour une approche holindividualiste, *L'Année de la régulation,* N°7

Fabien TALLEC et Louis BOCKEL, 2005, « Approche Filière : Analyse financière » Organisation des Nations Unies pour l'Alimentation et l'Agriculture, FAO décembre

FABRE, P., 1994. *Note de méthodologie générale sur l'analyse de filière,* Document de formation pour la planification agricole n° 35, Service de Soutien aux Politiques Agricoles, Division de l'Assistance aux Politiques, FAO, Rome, Italie.

FINON, Dominique, 1997, « La concurrence dans les industries électriques : l'efficacité au prix de la complexité transactionnelle et réglementaire. », *Économies et sociétés, Économie de l'énergie – Série EN n° 7,* pp 13-46.

FOK, Michel A. C., 1998, « Politique d'intensification de l'utilisation des intrants agricoles en Afrique au sud du Sahara : les conditions et limites de la libéralisation. ».

FONTAINE, Jean-Marc, 1987, « Les projets de libéralisation des agricultures africaines – Un point de vue critique appuyé par les cas kenyan et tanzanien. », *Eco. Soc, n° 7,* pp 209-225.

FRAVAL P(2000) Eléments pour l'analyse des filières agricoles, Paris, MAE

GEORGE B. Richardson, 1972, « The organization of Industry », *The Economic Journal,* vol. 82.

GOLDBERG RA, DAVIS JH (1957) *A Concept of Agribusiness,* Division of Research Boston, Harvard Business School.

GOLDSMITH A (1985) « The private sector and rural development: can agribusiness help the small farmer?"*World Development,* Vol. 12 n° 10/11

GRIFFON M. (Ed.) : 1989, « Economie des filières en régions chaudes ; formation des prix et échanges agricoles », actes du Xème séminaire d'économie et de sociologie, 11-15 septembre 1989, Montpellier, CIRAD, 887 p.

GRIFFON, Michel, 1998, « Transition vers l'économie de marché dans l'agriculture africaine».

GUERRIEN, Bernard, 1997, *Dictionnaire d'analyse économique,* La Découverte, Paris.

HANLEY, Nick, SHOGREN, Jason F. and WHITE, Ben, 1997, «Market failure», *Environmental economics in theory and practice,* Macmillan Press, Basingstoke, pp 22-56.

HERBERT Simon, 1957, "Modèle d'attitude de choix rationnel".

HIBOU, Béatrice, 1998, « Banque Mondiale : les méfaits du catéchisme économique : l'exemple de l'Afrique sub-saharienne. », *Esprit,* Août-septembre, pp 98-140.

HOFF, Karla, BRAVERMAN and STIGLITZ, Joseph E., 1993, Imperfect information and rural credit markets: puzzles and policy perspectives.", *The Economics of Rural Organization – Theory, Practice and Policy,* World Bank – Oxford University Press, New York, pp 33-52.

HOFF, Karla, BRAVERMAN, Avishay and STIGLITZ, Joseph E., 1993, "The Economics of Rural Organization – Theory, Practice and Policy. Introduction.", *The Economics of Rural Organization – Theory, Practice and Policy,* World Bank – Oxford University Press, New York, pp 1-30.

HUGON Ph (1994) « Filières agricoles et politiques macro-économiques » in *Benoit-Cattin M, Griffon M, Guillaumont P* (éds) *Economie des politiques agricoles dans les pays en développement, les aspects macroéconomiques,* Paris, Revue française d'économie.

HUGON Ph *(2005)* Modes d'organisation des filières agro alimentaires en Afrique et efficacité des marchés, *Notes et études économiques n°23, septembre*

HUGON Ph, Mayenyenda (2003) « Réponses des filières coton aux jeux des prix », *Economie Rurale, n. 238,*

HUGON Ph. (1994)., Instabilité et organisation des filières coton, *Economie Rurale, n. 224, Nov. /Déc., pp 39 – 44.*

HUGON Philippe, 2007, Méso analyse de filières et politiques publiques. Illustration par les filières cotonnières en Afrique, in Concept et méthodes en économie des filières. Montpellier, octobre 2007

HUGON, Philippe, 1998, « Avantages comparatifs, compétitivité et organisation des filières ».

JAFFEE, Stephen, 1991, "Kenya's horticultural export marketing: a transaction cost perspective." *Workshop on the globalization of the* *fresh fruit and vegetable system – university of California, 6-9 December 1991,* Santa Cruz.

JOSEPH Alois Schumpeter, 1912, "La théorie de l'évolution économique".

KNUDSEN, O. and NASH, J., 1990, "Domestic price stabilization schemes in developing countries" *Economic development and cultural change – 38(3),* April 1990, pp 539-558.

KOUSSOU M., 1999 : « Produits nouveaux, négoce et développement locale : le cas de la filière porcine au nord du Cameroun », DESS CIRAD-EMVT, PRASAC, IRAD,

LAFAYE de Michaux E, ould-Ahled P (2007) (éds) « Les contours d'un projet institutionnaliste en économie du développement « in *Institutions et développement,* à paraître, Paris, L'Harmattan

LARSON, Bruce A. and FRISVOLD, George B., 1996, "Fertilizers to support agricultural development in sub-Saharan Africa: what is needed and why?" *Food policy – vol. 21 n° 6, 1996,* Pergamon Press, pp 509-525.

LE GOULVEN, Katell, 1996, « Les formes de coordination de la filière de viande porcine dans le delta du Fleuve Rouge, Vietnam du Nord. », *Mémoire de DEA d'Économie du Développement Agricole, Agroalimentaire et Rural,* CNEARC, Montpellier, Septembre 1996, pp 67-96.

LE MOIGNE J-L (1995) *Le constructivisme 2 tomes: des fondements des épistémologies,* Paris, ESF

LELE U. (1988)., *Le coton en Afrique : une analyse des écarts de performance, Madia*

LEON Walras, 1874, « Eléments d'économie politique pure », Lausanne.

LETEUIL Hervé, 1999 : « La filière laitière à Casablanca », Mémoire ESAT 2 CNEARC, Montpellier

MACRAE, John, *Compétitivité du coton dans les pays hors zone franc,* Secrétariat d'État à la Coopération, 1995.

MADI Ali, 1989*, La filière coton au Cameroun: analyse et alternatives pour une redynamisation*, mémoire DEA, Université de Montpellier, 1989.

MADI Ali, 1994, « Politique agricole et élasticité de l'offre dans les exploitations de la zone cotonnière au Cameroun », Thèse de Doctorat en Agroéconomie ; Ecole doctorale : Economie de développement Agricole, Agroalimentaire et Rural, INRA-ENSA-ESR Montpellier, France.

MADI Ali, 1998, *Étude de la filière bois de feu dans la région de Maroua*, communication au Séminaire sur le bois de feu du 04 au 06 Février à Maroua, Cameroun.

MADI Ali, OUMAROU BALARABE et TARLA Francis, 2002, *Etude de la filière gomme arabique dans la province de l'extrême Nord*, Ngaoundéré-Anthropos Revue Sciences sociales, volume 7, pp 145-175.

MALASSIS Louis, 1986, « Economie Agroalimentaire : tome III, l'économie mondiale », éd. Cujas, Paris.

MASAHIKO Aoki, "Vers une théorie économique de 'entreprise japonaise", 1990

MAUGET, R., 2002. *Agri-Food Chain Analysis*. ESSEC Business School, Cergy Pontoise, France.

Mc CORRISTON, Steve and SHELDON, Ian M., 1991, "Government intervention in imperfectly competitive agricultural input markets." *American Journal of Agricultural Economics – vol. 73 n° 6 août 1991,* pp 621-631.

MENARD Cl (199O). *L'économie des organisations,* Paris, La Découverte.

MICHAEL C. Jensen et **WILLIAM H. Meckling**, 1976, Theory of firm, "managerial behavior agency costs and ownership structure".

MORVAN Y (1991) *Fondements de l'économie industrielle,* Paris, Economica

MOUSTIER P. et LEPLAIDEUR A., 1999 : «Cadre d'analyse des acteurs du commerce vivrier africain», Série Urbanisation, alimentation et filières vivrières, Document n°4, CIRAD, Montpellier, 42 p. N'Djamena, 54 p. + annexes.

MOUSTIER, Paule, 1998, «Contribution de l'économie des organisations aux débats sur les marchés africains: l'économie des coûts de transaction et de l'information imparfaite ».

NEWBERY D. M., Stiglitz J. E. (1981). *The theory of commodity price stabilization,* Oxford, Oxford University Press, 462 p.

OLIVER Williamson, 1975, "Market and hierarchies".

OSTROM Vincent and OSTROM Elinor, 1977, "Public goods and public choices." *Alternatives fro delivering public services: toward improved performance,* Westview Press, Boulder, pp 7-50.

PAUL Samuelson, 1951, "Principles and rules in modern fiscal policy: a neoclassical reformulation" in /Money, Trade and Economic Growth: Essays in H.L

PAUL Samuelson, 1955, Economics, McGraw-Hill

PESCHE D, Nubukpo (2004) « L'Afrique du coton à Cancun. Les acteurs d'une négociation. » *Politique africaine*, N°95, oct.

PHILIP Mirowski (1989) "More Heat than Light: Economics as Social Physics, Physics as Nature's Economics" Cambridge University Press.

POULTON C et al (2004) "Competition and Coordination in Liberalized African Cotton Market Systems" *World Development* 32(3).

PURSELL G., Diop M. (1998), *Cotton policies in Francophone Africa,* January, World Bank, Washington.

R. BADOUIN, 1985, « le Développement Agricole en Afrique tropicale », éd. Cujas, Paris.

R. BADOUIN, 1987, « l'analyse économique du système productif en agriculture » in *Cahiers de Sciences Humaines*, ORSTOM, Montpellier, France.

RAVI KANBUR, S. M., 1984, "Hox to analyze commodity price stabilization: a review article." *Oxford Economic Papers Volume 36-n° 3,* Clarendon Press, November pp 336-358.

RAYMOND G, Fok M (1995) Relation entre coton et vivrier en Afrique de l'ouest et du Centre, Le coton affame les populations: une fausse affirmation? *Economie et sociétés,* n°22

REQUIER-Desjardins D (1992) le comportement des acteurs dans els filières agro alimentaires en Afrique subsaharienne" in Griffon M. (éd) économie institutionnelle et agriculture, XIIIème séminaire économie rurale Montpellier.

RICKS, Donald, 1997, “Apple industry strategic planning.” *Staff paper n° 97-13 Février 1997,* Department of Agricultural Economics, Michigan State University.

ROBERT Boyer, "Théorie de la régulation : analyse critique" 1986

RONALD Coase, 1937, "la nature de la firme".

SHEPERD B (2004), “The impact of US Subsidiaries in World Cotton Market: A reassessment”, GEM IEP

SIMON H. A., 1979,"Rational Decision Making in Business Organizations", *American Economic Review*, n° 4.

STIGLITZ, Joseph, E, 1987, “Some theoretical aspects of agricultural policies.” *Research Observer 2, n°1,* Janvier 1987, pp 43-60.

THERET B. (2000) « Nouvelle économie institutionnelle, économie des conventions et théorie de la régulation: vers une synthèse institutionnaliste? », La *lettre de la régulation* n°35, déc.

THEVENOT, L., 1989, « Introduction à l’économie des conventions. », *Revue Économique n° 2,* Mars 1989, pp 141-145.

VALCESCHINI, Egizio 1998, « Éléments théoriques et empiriques pour une analyse économique de la qualité dans l’agro-alimentaire »

VALCESCHINI, Egizio, 1993, « Conventions économiques et mutation de l’économie contractuelle dans le secteur des légumes transformés. », *Économie rurale n° 218,* Nov.-déc. pp 19-26.

VEBLEN Thorstein, 1900, « The preconception of Economic Science », article publié initialement dans l'American Economic Review February.

VERNON-WORTZEL, Heidi and WORTZEL, Lawrence H., 1989, “Privatization: not the only answer.” *World Development – Vol. 17 n° 5, 1989,* Pergamon Press, pp 633-641.

Veron J B (1992), « La crise des filières coton en Afrique subsaharienne et leur redressement », Paris CCE

WAITZMAN, Macmillan Jaffe, William, "Menger, Jevons, and Walras, 1976, ed in the Honour of John Henry Williams’, “De-Homogenized: Economic Inquiry” 14, December 1976, p. 511-524.

WALLISER, Bernard, 1989, « Théorie des jeux et genèse des institutions. », *Recherches économiques de Louvain 55 (4)*, pp 339-364.

WILLIAM Stanley Jevons, 1871, "Théorie de l'économie politique" (The Theory of Political Economy, Manchester.

Y. HAYAMI and V. W. RUTTAN, 1985, Agricultural Development: An international Perspective, John Hopkins University Press, Baltimore

ZYLBERSZTAJN, Decio, 1996, "Governance structures and agribusiness coordination: a transaction cost economics based approach." *Research in domestic and international agribusiness management,* JAI Press, Greenwich, pp 245-310.

LISTE DES FIGURES

TABLE DES MATIÈRES

L'HARMATTAN, ITALIA
Via Degli Artisti 15 ; 10124 Torino

L'HARMATTAN HONGRIE
Könyvesbolt ; Kossuth L. u. 14-16
1053 Budapest

L'HARMATTAN BURKINA FASO
Rue 15.167 Route du Pô Patte d'oie
12 BP 226
Ouagadougou 12
(00226) 76 59 79 86

ESPACE L'HARMATTAN KINSHASA
Faculté des Sciences Sociales,
Politiques et Administratives
BP243, KIN XI ; Université de Kinshasa

L'HARMATTAN GUINEE
Almamya Rue KA 028
En face du restaurant le cèdre
OKB agency BP 3470 Conakry
(00224) 60 20 85 08
harmattanguinee@yahoo.fr

L'HARMATTAN COTE D'IVOIRE
M. Etien N'dah Ahmon
Résidence Karl / cité des arts
Abidjan-Cocody 03 BP 1588 Abidjan 03
(00225) 05 77 87 31

L'HARMATTAN MAURITANIE
Espace El Kettab du livre francophone
N° 472 avenue Palais des Congrès
BP 316 Nouakchott
(00222) 63 25 980

L'HARMATTAN CAMEROUN
BP 11486
(00237) 458 67 00
(00237) 976 61 66
harmattancam@yahoo.fr

646219 - Mars 2016
Achevé d'imprimer par

1livre.com
du rêve à la réalité !

www.ingramcontent.com/pod-product-compliance
Lightning Source LLC
LaVergne TN
LVHW010021081026
849535LV00016B/2576